高等职业教育校企合作"互联网+"创新型教材

机械产品三维设计

主　编　刘　明　田海洋

参　编　谌　鑫　邹　悦　徐　畅

　　　　高军永　杨志强

机械工业出版社

本书利用三维软件 SOLIDWORKS 对从动轮组进行详细设计，培养学生利用三维设计软件进行机械产品设计的能力。本书将机械产品分解为不同的情景，并总结归纳出完成每个情景的典型工作任务，共设计了 14 个情景。本书主要包括软件简要介绍、各零件三维模型造型、工程详图设计、从动轮的组装配置及总图详图设计，同时考虑机械设计的完整性，在进阶部分加入焊接件、曲面、有限元分析、运动仿真等内容，满足不同层次学习者的需求。本书以实际工程项目设计为主线，融入编者多年工程项目设计经验总结。

本书既适合作为高等职业院校机械类专业的教材，也可作为工程技术人员和机械设计师的参考书籍。

为方便教学，本书配套电子课件、课后习题答案、模拟试卷及答案、微课视频（以二维码形式嵌入）等教学资源，凡选用本书作为授课教材的老师，均可通过 QQ（2314073523）咨询。

图书在版编目（CIP）数据

机械产品三维设计 / 刘明，田海洋主编 . -- 北京：机械工业出版社，2024.12. --（高等职业教育校企合作"互联网 +"创新型教材）. -- ISBN 978-7-111-77112-8

Ⅰ. TH122

中国国家版本馆 CIP 数据核字第 2024K49Q97 号

机械工业出版社（北京市百万庄大街 22 号　邮政编码 100037）

策划编辑：曲世海	责任编辑：曲世海　王　宁
责任校对：韩佳欣　张亚楠	封面设计：马若濛
责任印制：张　博	

北京建宏印刷有限公司印刷

2025 年 2 月第 1 版第 1 次印刷

184mm × 260mm · 19.25 印张 · 498 千字

标准书号：ISBN 978-7-111-77112-8

定价：59.80 元

电话服务　　　　　　　　　网络服务

客服电话：010-88361066　机　工　官　网：www.cmpbook.com

　　　　　010-88379833　机　工　官　博：weibo.com/cmp1952

　　　　　010-68326294　金　书　网：www.golden-book.com

封底无防伪标均为盗版　机工教育服务网：www.cmpedu.com

前　言

随着科技的飞速发展，机械产品设计已经迈入了全新的三维设计时代。三维设计技术以其直观、逼真的视觉表现和强大的设计功能正逐渐改变着传统机械设计的方式和流程。三维设计不仅提高了设计的精确度和效率，更使设计师能够更直观、更全面地展示和评估设计方案，以减少工程设计中的变更次数，极大地推动了机械产品设计领域的进步与发展。在这个背景下我们编写本书，旨在为广大学生和工程师提供一本系统、实用的学习指南。

本书深入浅出地介绍了机械产品三维设计的基本原理和实践方法，结合编者多年的设计经验，涵盖了从基础建模到高级仿真的全方位内容。其核心在工程图的设计上，力图改变以往重点在三维模型造型上而忽略了工程实际需要的是图样的问题。通过学习，读者能够熟练掌握三维设计软件，运用先进的设计理念和方法，实现机械产品的创新设计与优化。

本书在编写过程中，特别注重理论与实践相结合，不仅详细阐述了三维设计的基础知识和操作技巧，还通过丰富的案例分析和实战演练，帮助读者在实际操作中不断提升设计水平。本书以从动轮组的建模设计为主线，将三维设计的模板、零件、装配及出图融为一体。在进阶部分中，综合考虑了工程中常见的焊接和设计分析阶段的动态仿真、有限元分析等方面的实际案例。

本书由刘明和田海洋任主编，刘明编写情景 1～情景 10，田海洋编写情景 11～情景 14。谌鑫、邹悦、徐畅（中国航空工业标准件制造有限责任公司）、高军永和杨志强（贵州顺安机电设备有限公司）参与视频制作、资料的收集整理和校对工作。

由于编者水平有限，书中不足之处在所难免，望广大读者批评指正，不胜感激。

编　者

二维码索引

（续）

（续）

名称	二维码	页码	名称	二维码	页码
创建标记		224	轮系结构及构件		256
从动轮轴有限元分析		228	装配锥齿轮		260
散热片温度场分析		236	装配外啮合圆柱齿轮		267
陶瓷芯片温度场分析		240	爆炸图制作		277
绘制机构简图		247	BOM 表格设置		278
自顶向下建模		248	时间轴面板定义		287

目　录

第二部分　进阶部分

第一部分

基础部分

知识准备

❖ 1.1　SOLIDWORKS 软件简介

SOLIDWORKS 软件是一款功能强大的三维 CAD（计算机辅助设计）软件，由达索系统（Dassault Systemes S.A.）旗下的 SOLIDWORKS 公司开发。该软件以其易用性、稳定性和创新性而广受欢迎，已经成为全球装机量最大、最好用的机械设计软件之一，广泛应用于机械、汽车、航空、船舶、电子和家电等领域。用户可以用它来创建和模拟复杂的三维机械零件和装配体，从而优化设计方案，减少原型制造的成本和时间。此外，它还可以与 CAM（计算机辅助制造）和 CAE（计算机辅助工程）软件集成，使用户能够在同一平台上完成从设计到制造的全过程。

SOLIDWORKS 软件作为一款广泛使用的三维 CAD 软件，具有许多强大的功能特点，这些特点使其在机械设计、制造和仿真分析等领域具有显著的优势。

1. 直观易用的界面

SOLIDWORKS 软件采用 Windows 风格的界面，操作直观、简单，用户无需经过复杂的培训即可快速上手。其特有的拖放、单击和动态指针功能，使设计过程更加直观和便捷。

2. 强大的三维建模能力

SOLIDWORKS 软件支持全参数化特征造型，可以快速创建各种复杂的三维零件和装配体。通过拖拽、复制和粘贴等操作，用户可以轻松完成设计任务。

3. 智能装配与工程图

SOLIDWORKS 软件装配功能可以方便地管理多个零件之间的关系，实现自动装配和干涉检查；同时还可以自动生成符合国家标准的工程图，包括尺寸标注、公差配合、BOM 表等，极大地提高了工程图的绘制效率。

4. 动态模拟与分析

SOLIDWORKS 软件内置了强大的仿真分析功能，可以对设计进行静力学、动力学及热力学等多种分析。这些功能可以帮助用户在设计阶段预测产品的性能，优化设计方案，提高产品质量。

5. 高质量渲染与动画

SOLIDWORKS 软件提供了高质量的渲染和动画制作功能，可以创建逼真的产品外观和动态效果。这些功能不仅可以帮助用户更好地展示产品特点和功能，还可以用于制作产品演示视频和宣传资料。

6. 丰富的库与插件

SOLIDWORKS 软件提供了丰富的标准件库、材料库和插件，用户可以方便地调用这些资源，提高设计效率。同时，还支持与其他 CAD 软件的互导，方便用户与其他设计团队进行协作。

7. 强大的数据管理能力

SOLIDWORKS 软件具有强大的数据管理能力，可以方便地管理设计数据、版本和配置。这些功能可以帮助用户更好地管理设计资源，提高设计效率和质量。

8. 全球技术支持与社区

SOLIDWORKS 软件拥有全球范围内的技术支持和社区资源，用户可以及时地获得技术支持和帮助。同时，还提供了丰富的在线教程和培训资源，帮助用户更好地掌握软件的使用技巧。

总之，SOLIDWORKS 以其直观易用的界面、强大的三维建模能力、智能装配与工程图、动态模拟与分析、高质量渲染与动画、丰富的库与插件、强大的数据管理能力以及全球技术支持与社区等特点，成为一款备受工程师和设计师喜爱的三维 CAD 软件。

◆ 1.2　SOLIDWORKS 软件启动与文件管理

1.2.1　SOLIDWORKS 软件启动

双击 SOLIDWORKS 软件快捷方式，如图 1-1 所示。

1.2.2　SOLIDWORKS 软件操作特点

图 1-1　软件启动方法

1. Windows 功能

SOLIDWORKS 软件包括熟悉的 Windows 功能，如拖动窗口和调整窗口大小等。在 SOLIDWORKS 软件中，采用了许多与 Windows 相同的图标，如打印、打开、保存、剪切和粘贴等。

2. 鼠标按键

1）左键，单击选择菜单项目、图形区域中的实体以及 FeatureManager 设计树中的对象。

2）右键，单击显示上下文相关的快捷菜单。

3）中键，用于旋转、平移和缩放零件或装配体，以及在工程图中平移。

用户可以使用鼠标笔势作为执行命令的一个快捷键，类似于键盘快捷键。了解命令对应的方向后，用户即可使用鼠标笔势快速调用对应的命令。

3. 鼠标笔势

要激活鼠标笔势，在图形区域中，按照命令所对应的笔势方向按住右键拖动。

当按住右键拖动鼠标时，会出现一个指南，显示每个笔势方向所对应的命令，如图 1-2 所示。

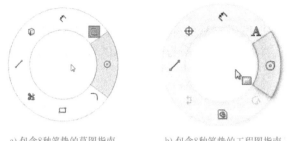

a) 包含 8 种笔势的草图指南　　　　　b) 包含 8 种笔势的工程图指南

图 1-2　笔势指南

1.2.3　SOLIDWORKS 软件文件管理

1. 新建文件

启动 SOLIDWORKS 软件后，进入任务窗格对话框，如图 1-3 所示。

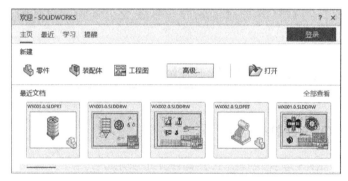

图 1-3　任务窗格对话框

通过这个对话框，用户既可以打开已有文件，也可以新建一个文件。如果单击"新建文件"命令图标，则系统会弹出"新建 SOLIDWORKS 文件"对话框，如图 1-4 所示，在该对话框中可选择零件、装配体和工程图 3 种不同的文件形式。

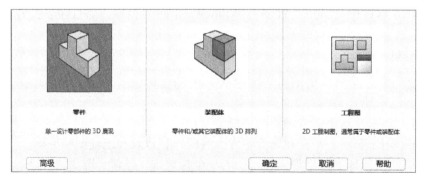

图 1-4　"新建 SOLIDWORKS 文件"对话框

1）单击"零件"→"确定"，或双击"零件"，系统进入零件建模环境，如图 1-5 所示，此环境下可进行三维模型的建模。

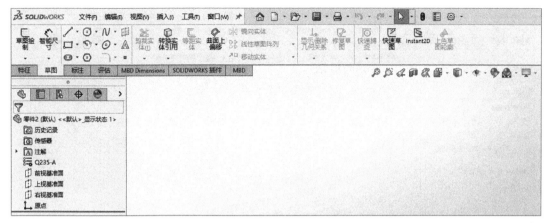

图 1-5 零件建模环境

2）单击"装配体"→"确定"，或双击"装配体"，系统进入装配体建模环境，如图 1-6 所示，此环境下可进行三维模型的装配。

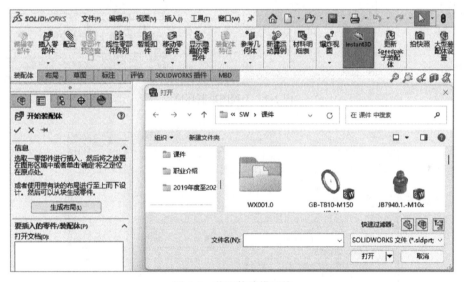

图 1-6 装配体建模环境

3）单击"工程图"→"确定"，或双击"工程图"，系统进入工程图绘制环境，如图 1-7 所示，此环境下可将三维模型或装配体二维图轻松地转换出来。

2. 打开文件

启动 SOLIDWORKS 软件后，单击"打开文件"命令图标，可打开现有的 SOLIDWORKS 软件能识别的文件；也可以在进入"零件""装配体""工程图"3 个绘图环境后，单击"打开文件"命令图标，打开 SOLIDWORKS 软件能识别的文件。

3. 保存文件

第一次保存文件时，系统会弹出"另存为"对话框，如图 1-8 所示。单击"文档"右边的下拉菜单，设置要保存的文件路径，修改文件名，单击"保存"，就可以保存文件。在绘图过程中要及时单击"保存文件"命令图标保存文件，以防因意外情况发生而造成的数据丢失。

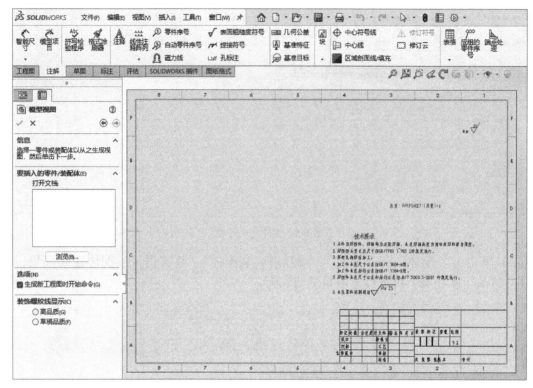

图 1-7　工程图绘制环境

图 1-8　"另存为"对话框

软件的菜单栏和工具栏在以后的课程中边用边学。

◇◇◇ 1.3　SOLIDWORKS 软件建模基础知识

1.3.1　基于特征的零件建模概述

SOLIDWORKS 软件是基于特征的实体造型软件。"基于特征"这个术语的意思是零件的模型构造是由各种特征来生成的,零件的设计过程就是特征的累积过程。

特征是指可以用参数驱动的实体模型。通常，应满足如下条件：

1）特征必须是实体或零件中的具体构成之一。

2）特征能对应于某一形状。

3）特征应具有工程上的意义。

4）特征的性质是可以预料的。

改变特征相关的形状与位置的定义，可以改变与模型相关的形状和位置关系。

1.3.2 三维设计的基本概念

1. 实体造型

实体造型是指在计算机内部以实体描述客观事物，提供实体完整的几何信息和拓扑信息，从而构造出实体完整的几何模型。

2. 参数化

参数化是指用一组参数来约束设计对象的尺寸关系，参数与设计对象的控制尺寸有着显式的对应关系，当设计对象修改时，通过参数求解，实现相关尺寸的驱动。

3. 特征

特征是三维软件的专业术语，它兼有形状和功能两种属性，包括特定几何形状、拓扑关系、典型功能、绘图表示方法、制造技术和公差要求。

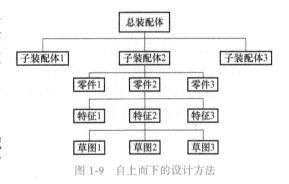

图 1-9 自上而下的设计方法

1.3.3 设计过程

在 SOLIDWORKS 软件中，零件、装配体和工程图都属于对象，采用的是自上而下的设计方法来创建对象，如图 1-9 所示。

（1）零件生成方法 零件是 SOLIDWORKS 软件中最主要的对象。在 SOLIDWORKS 软件中，零件设计是核心，特征设计是关键，草图设计是基础。草图指的是二维轮廓或截面图，对草图进行拉伸、切除、旋转、抽壳、圆角、放样、扫描等操作后即可生成特征。

如图 1-10 所示，由二维草图生成拉伸、抽壳和圆角特征的生成过程如下：

1）草绘二维图（矩形）。

2）经拉伸生成拉伸特征。

3）以此为基体，继续添加抽壳特征和圆角特征，从而完成零件特征的生成。

（2）装配体生成方法 在 SOLIDWORKS 软件中，装配体是若干零件的组合。如图 1-11 所示，一个简单的装配体由轴和套筒两个零件组成，其设计、装配过程如下：

1）设计出轴和套筒两个零件。

2）新建一个装配体文件。

3）将两个零件分别拖到新建的装配体文件中。

4）使轴的底面和套筒底面重合，轴的外圆面与套筒的内圆面重合，从而完成两个零件的约束装配工作。

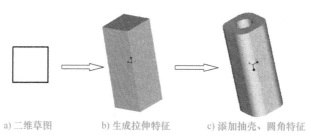

a) 二维草图   b) 生成拉伸特征   c) 添加抽壳、圆角特征

图 1-10　在 SOLIDWORKS 软件中生成零件

图 1-11　在 SOLIDWORKS 软件中生成装配体

（3）工程图生成方法　在 SOLIDWORKS 软件中，工程图用来记录和描述设计结果，是工程设计中的主要档案文件。用户设计好零件和装配体后，按照图样的表达需求，通过 SOLIDWORKS 软件中的命令，生成各种视图、剖面图及轴测图等，然后添加尺寸说明，得到最终符合制图标准的工程图。如图 1-12 所示，线夹零件的工程图生成过程如下：

1）设计出线夹零件。

2）新建一个工程图文件。

3）在工程图文件中打开线夹零件。

4）采用多个视图，进行尺寸标注和文字处理，如标注尺寸、添加公司名称等，从而完成一个符合制图标准的工程图。

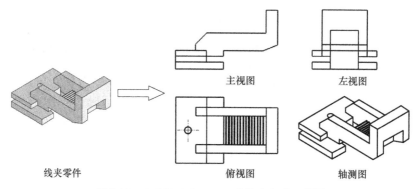

线夹零件   主视图   左视图   俯视图   轴测图

图 1-12　在 SOLIDWORKS 软件中生成工程图

1.3.4　参考几何体

在 SOLIDWORKS 软件中，参考几何体包括基准面、基准轴、坐标系等。

1. 基准面

基准面是用于草绘曲线、创建特征的参照平面，具有平面的属性。SOLIDWORKS 软件向用户提供了 3 个基准面：前视基准面、右视基准面和上视基准面，如图 1-13 所示。

（1）基准面的显示　一般情况下，系统默认的 3 个基准面为隐藏状态。在右键菜单中单击"显示"图标◉即可，如图 1-14 所示。

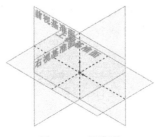

图 1-13 基准面

图 1-14 显示基准面

（2）基准面的建立 使用基准面可以绘制草图、生成模型的剖视图。除系统提供的默认基准面外，还可以在零件或装配体文件中生成基准面，图 1-15 所示为以零件表面为参考来创建新基准面。

2. 基准轴

（1）基准轴的显示 通常在创建几何体或创建阵列特征时会使用基准轴。当用户创建旋转特征或孔特征时，程序会自动在其中心隐含生成临时轴，通过执行菜单栏"视图"→"临时轴"命令，可即时显示或隐藏临时轴。

（2）基准轴的建立 要生成基准面可进行如下操作：

1）在"特征"选项的"参考几何体"下拉菜单中选择"基准轴"，会出现"基准轴"属性框，如图 1-16 所示。

图 1-15 以零件表面为参考来创建新基准面

图 1-16 "基准轴"属性框

2）在"选择"选项区中选择想生成的基准轴的类型及项目。

3）选取参考对象。

4）单击"确定"图标 ✅，新建的基准轴就会出现在设计树中。

3. 坐标系

在 SOLIDWORKS 软件中，坐标系用于确定模型在视图中的位置，以及定义实体的坐标参数，系统默认生成一个绝对坐标系。此外，也可以建立相对坐标系。

要生成新的坐标系可进行如下操作：

1）在"特征"选项的"参考几何体"下拉菜单中选择"坐标系"，在设计树的属性管理器中显示"坐标系"属性框，如图 1-17 所示。默认情况下，坐标系是建立在原点上的。

2）在"选择"选项区中单击图标 ↳ 右侧的选项框，在绘图区选择一个点（顶点或边线中点等），此时新建的坐标系会出现在绘图区域，选择的点为新建坐标系的顶点。

3）单击"X轴"选项框，在绘图区选择一条直线作为新建坐标系的X轴，单击图标 可更改X轴的方向。

4）同样方法确定另外一轴的方向。

5）单击"确定"图标 ，新建的基准系就会出现在设计树中。

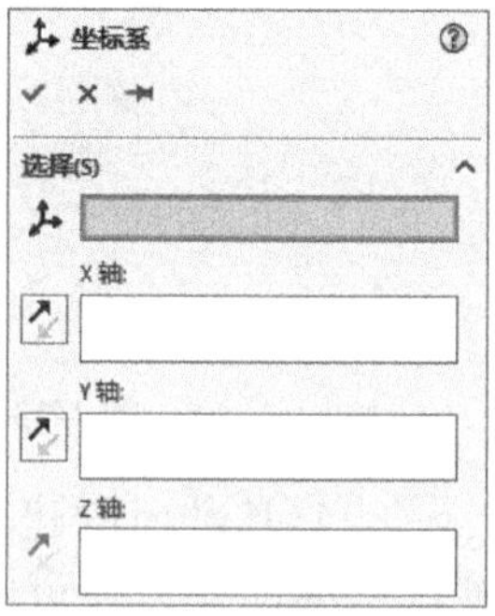

图 1-17　"坐标系"属性框

1.3.5　鼠标和快捷键

1. 鼠标

（1）鼠标左键　单击可选择菜单项目、绘图区中的实体及特征管理器设计树中的对象。

（2）鼠标右键　单击可显示当前项目的关联菜单，关联菜单提供了一种快捷高效的工作方式，不需要随时将鼠标指针移到主菜单或工具栏上选取命令，就可以实现相关功能。

（3）鼠标中键　旋转、平移和缩放零件或装配体，以及在工程图中做平移操作。

（4）<Ctrl>+鼠标中键拖动　平移所有类型的文件。在激活的工程图中，不需要按<Ctrl>键。

（5）鼠标中键拖动　旋转零件或装配体。

（6）<Shift>+鼠标中键拖动　缩放所有类型的文件。

（7）滚动鼠标中键　放大或缩小模型。

2. 快捷键

SOLIDWORKS软件中每个菜单项都有快捷键，使用快捷键操作可大大提高工作效率。SOLIDWORKS软件常用默认快捷键见表1-1。

表 1-1　SOLIDWORKS 软件常用默认快捷键

功能			组合键
模型视图	放置模型	水平旋转或竖直旋转	方向键
		水平旋转90°或竖直旋转90°	Shift+方向键
		顺时针或逆时针	Alt+左或右方向键
	平移模型	平移	Ctrl+方向键
		放大	Shift+Z
		缩小	Z
		整屏显示全图	F
		上一视图	Ctrl+Shift+Z
视图定向		视图定向菜单	空格键
		前视	Ctrl+1
		后视	Ctrl+2
		左视	Ctrl+3
		右视	Ctrl+4
		上视	Ctrl+5
		下视	Ctrl+6
		等轴测	Ctrl+7

（续）

功能		组合键
选择过滤器	过滤边线	E
	过滤顶点	V
	过滤面	X
	切换选择过滤工具栏	F5
	切换选择过滤器	F6
文件菜单项目	新建文件	Ctrl+N
	打开文件	Ctrl+O
	从 Web 文件夹打开	Ctrl+W
	保存文件	Ctrl+S
	打印文件	Ctrl+P
其他快捷键	在属性管理器或对话框中访问在线帮助	F1
	在特征管理器中重新命名一个项目（对大部分项目适用）	F2
	重建模型	Ctrl+B
	重建模型及重建其所有特征	Ctrl+Q
	重绘屏幕	Ctrl+R
	在打开的 SOLIDWORKS 软件文件之间切换	Ctrl+Tab
	直线到圆弧 / 圆弧到直线（草图绘制模式）	A
	撤销	Ctrl+Z
	剪切	Ctrl+X
	复制	Ctrl+C
	粘贴	Ctrl+V
	删除	Delete
	下一窗口	Ctrl+F6
	关闭窗口	Ctrl+F4

◆ 1.4　机械设计基础

1.4.1　材料

　　机械产品的可靠性和先进性，除设计因素外，在很大程度上取决于所选用材料的质量和性能。材料选用是机械设计中的重要环节之一，是完成设计的第一步。材料选择的原则主要有使用性能原则、工艺性能原则和成本原则。除此以外，有两个新的原则也会逐渐成为选材的重要原则，分别为可靠性原则及资源、能源和环保原则。使用性能原则即正确选用材料，在材料选择中占有重要的地位，它是保证零件正常工作和使用寿命所必须遵守的原则，否则会发生零件失效或早期失效。这个原则是选材过程中的切入点。

　　选择材料可概括为五个步骤：①分析零件对所选材料的性能要求及失效分析，包括分析零件的工作条件，零件的强度、刚度、稳定性计算等。②对可供选择的材料进行筛选，现代工程材料分为金属材料、陶瓷材料、高分子材料和复合材料四大类。把所有的工程材料都当作选择对象，根据材料的性能要求进行筛选。③对可供选择的材料进行评价，在很多场合，使用系统分级和定量的方法进行评价选择更好。④最佳材料的决定。⑤零件所选材料的实际验证。

常用材料如下：

1）45：优质碳素结构钢，是最常用的中碳调质钢。

主要特征：综合力学性能良好、淬透性低、水淬时易生裂纹。小型件宜采用调质处理，大型件宜采用正火处理。

应用举例：主要用于制造强度高的运动件，如涡轮机叶轮、压缩机活塞、轴、齿轮、齿条、蜗杆等。焊接时注意焊前预热，焊后退火消除应力。

2）Q235A（A3钢）：最常用的碳素结构钢。

主要特征：具有高的塑性、韧性、焊接性能和冷冲压性能，以及一定的强度，好的冷弯性能。

应用举例：广泛用于一般要求的零件和焊接结构，如受力不大的拉杆、连杆、销、轴、螺钉、螺母、套圈、支架、机座、建筑结构及桥梁等。

3）40Cr：使用最广泛的钢种之一，属于合金结构钢。

主要特征：经调质处理后，具有良好的综合力学性能、低温冲击韧度及低的缺口敏感性，淬透性良好，油冷时可得到较高的疲劳强度，水冷时复杂形状的零件易产生裂纹，冷弯塑性中等，回火或调质后切削加工性好，但焊接性不好，易产生裂纹，焊前应预热到100～150℃，一般在调质状态下使用，还可以进行碳氮共渗和高频表面淬火处理。

应用举例：调质处理后用于制造中速、中载的零件，如机床齿轮、轴、蜗杆、花键轴及顶针套等；调质并高频表面淬火后用于制造表面高硬度、耐磨的零件，如齿轮、主轴、曲轴、心轴、套筒、销子、连杆、螺钉螺母及进气阀等；经淬火及中温回火后用于制造重载、中速冲击的零件，如油泵转子、滑块、齿轮、主轴及套环等；经淬火及低温回火后用于制造重载、低冲击、耐磨的零件，如蜗杆、主轴及套环等；碳氮共渗后用于制造尺寸较大、低温冲击韧度较高的传动零件，如轴及齿轮等。

4）HT150：灰铸铁。

应用举例：齿轮箱体、机床床身、箱体、液压缸、泵体、阀体、飞轮、气缸盖、带轮及轴承盖等。

5）35：优质碳素结构钢，是各种标准件、紧固件的常用材料。

主要特征：强度适当、塑性较好、冷塑性高、焊接性尚可，冷态下可局部镦粗和拉丝，淬透性低，正火或调质后使用。

应用举例：适于制造小截面零件，可承受较大载荷的零件，如曲轴、杠杆、连杆、钩环等，以及各种标准件、紧固件。

6）65Mn：优质碳素结构钢，是常用的弹簧钢。

应用举例：小尺寸各种扁、圆弹簧，弹簧发条，也可制作弹簧环、气门簧、离合器簧片、制动弹簧、冷卷螺旋弹簧及卡簧等。

7）0Cr18Ni9：最常用的不锈钢。

主要特征和应用举例：作为不锈耐热钢使用最广泛，如用于制作食品用设备、一般化工设备、原子能工业用设备。

1.4.2 机械设计相关要求

1. 机械设计手册及标准

《机械安全　防止意外启动》（GB/T 19670—2023）

《机械工业工程设计基本术语标准》（GB/T 51218—2017）

《机械安全　围栏防护系统　安全要求》（GB/T 42627—2023）

《机械工程建设项目职业安全卫生设计规范》（GB 51155—2016）

《有色金属加工机械安装工程施工与质量验收规范》（GB 51059—2014）

《起重机械安全规程　第 5 部分：桥式和门式起重机》（GB/T 6067.5—2014）

《起重机械安全规程　第 1 部分：总则》（GB/T 6067.1—2010）

《水利水电工程制图标准　水利机械图》（SL73.4—2013）

《建筑施工机械与设备　混凝土搅拌站（楼）》（GB/T 10171—2016）

《机械工业厂房结构设计规范》（GB 50906—2013）

《城市道路环卫机械化作业质量标准》（DGJ32/TJ172—2014）

《手部防护　机械危害防护手套》（GB 24541—2022）

《轧机机械设备安装规范》（GB/T 50744—2011）

《炼钢机械设备安装规范》（GB 50742—2012）

《冶金机械液压、润滑和气动设备工程施工规范》（GB 50730—2011）

《烧结机械设备安装规范》（GB 50723—2011）

《工程机械用高强度耐磨钢板和钢带》（GB/T 24186—2022）

《重型机械通用技术条件　第 17 部分：锻钢件补焊》（GB/T 37400.17—2022）

《机械电气安全　安全相关设备中的通信系统使用指南》（GB/T 34934—2017）

《球团机械设备工程安装及质量验收标准》（GB/T 50551—2018）

《起重机械安全评估规范　通用要求》（GB/T 41510—2022）

《机械安全　安全防护的实施准则》（GB/T 30574—2021）

《炼钢机械设备工程安装验收规范》（GB 50403—2017）

《烧结机械设备工程安装验收标准》（GB/T 50402—2019）

《机械通风冷却塔工艺设计规范》（GB/T 50392—2016）

《冶金机械液压、润滑和气动设备工程安装验收规范》（GB/T 50387—2017）

《轧机机械设备工程安装验收规范》（GB 50386—2016）

《炼铁机械设备工程安装验收规范》（GB 50372—2006）

《机械设备安装工程施工及验收通用规范》（GB 50231—2009）

《道路施工与养护机械设备　沥青混凝土摊铺机》（GB/T 16277—2021）

《机械安全　急停装置技术条件》（GB/T 41349—2022）

2. 机械结构设计的基本准则

机械结构设计的基本准则可以概括为以下几点：

（1）功能满足　机械结构设计首先必须满足设备或产品的预定功能，这涉及设备的工作原理、运行方式及负载能力等方面的考虑。设计者需要充分了解设备的使用环境和条件，确保所设计的结构在各种情况下都能稳定、可靠地工作。

（2）强度和刚度　机械结构必须具有足够的强度和刚度，以承受工作过程中产生的各种力和力矩。强度和刚度不足可能导致设备的变形、断裂或失效，从而影响其正常工作和使用寿命。因此，设计者需要合理选择材料和结构形式，确保结构的强度和刚度。

（3）稳定性　机械结构应具有良好的稳定性，即在工作过程中能够保持其原有的形状和位置，不产生过大的振动和变形。稳定性对于保证设备的精度和可靠性至关重要。

（4）工艺性　机械结构设计应考虑制造、装配和维修的工艺性。良好的工艺性可以降低制造成本、提高生产效率，并方便设备的维修和保养。设计者需要熟悉各种加工工艺和装配方法，并在设计中尽可能采用标准化的零部件和连接方式。

（5）经济性　在满足功能和性能要求的前提下，机械结构设计应尽量降低制造成本和使用成本。设计者在进行结构设计时，需要充分考虑材料的利用率、加工的难易程度、装配的便捷性等因素。

（6）安全性　机械结构设计应确保设备在使用过程中的安全性，防止对人员和环境造成伤害。包括设备的防护装置、安全操作规程、紧急停车装置等方面的设计。

（7）环境适应性　机械结构应能适应不同的工作环境和条件，如温度、湿度、振动及腐蚀等。设计者需要根据设备的使用环境选择合适的材料和涂层，并采取必要的防护措施。

（8）创新性　在满足以上基本要求的前提下，机械结构设计还应追求创新，采用新的设计理念、方法和技术，以提高设备的性能，降低成本，延长使用寿命。

这些基本准则是相互关联、相互影响的，设计者在进行机械结构设计时需要综合考虑，确保所设计的结构既满足功能要求，又具有良好的可靠性、经济性和安全性。

1.4.3　图纸幅面和格式

图纸图幅有 A0、A1、A2、A3、A4 五种格式，A0 图幅的面积为 $1m^2$，所有基本图幅的长短边之比约为 $\sqrt{2}$:1，加长幅面由基本幅面的短边成整数倍增加。图框尺寸见表 1-2，表中的参数对应图 1-18 所示图框格式。在 SOLIDWORKS 软件中可以自定义图框格式，作为模板。

表 1-2　图框尺寸　　　　　　（单位：mm）

幅面代号		A0	A1	A2	A3	A4
幅面尺寸 $B \times L$		841×1189	594×841	420×594	297×420	210×297
周边尺寸	e	20			10	
	c	10			5	
	a	25				

1.4.4　尺寸与几何公差

1.尺寸注法基本规则

1）图样上所标注尺寸为机件的真实大小，且为该机件的最后完工尺寸，它与绘图的比例和绘图的准确度无关。

2）图样中的尺寸，以 mm 为单位时，不标注单位名称；采用其他单位，必须注明。

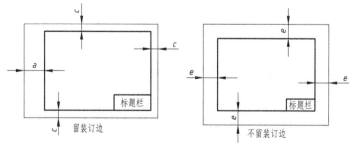

图 1-18　图框格式

3）机件的每一尺寸，在图样中一般只标注一次，并应标注在反映该结构最清晰的图形上。

2.完整尺寸

完整尺寸包括尺寸界线、尺寸线和尺寸数字。

1）尺寸界线：可借用轮廓线作为尺寸界线，也可借用中心线作为尺寸界线。

2）尺寸线：不得用其他图线替代，不得在其他图线的延长线上，尺寸间隔≥7mm。

3）尺寸数字：一般写在尺寸线上方，也可写在尺寸线中断处。数字方向以标题栏为准，字体水平放置时，字头朝上；字体垂直放置时，字头朝左；字体倾斜放置时，字头有向上的趋势（**注意：角度数字一律水平注写**）。尺寸数字不可被图线所遮挡，否则必须断开图线。

4）整圆或大于半圆的圆弧一般标注直径尺寸；狭小部位尺寸的标注，以斜线或圆点取代箭头。

3. 几何公差

几何公差包括形状公差、方向公差、位置公差和跳动公差。

（1）形状公差

1）直线度：符号为一条短横线（—），是限制实际直线对理想直线变动量的一项指标。它是针对直线不直而提出的要求。

2）平面度：符号为一个平行四边形（▱），是限制实际平面对理想平面变动量的一项指标。它是针对平面不平而提出的要求。

3）圆度：符号为一个圆（○），是限制实际圆对理想圆变动量的一项指标。它是对具有圆柱面（包括圆锥面、球面）的零件，在一正截面（与轴线垂直的面）内的圆形轮廓提出的要求。

4）圆柱度：符号为两条斜线中间夹一个圆（⌀），是限制实际圆柱面对理想圆柱面变动量的一项指标。它控制了圆柱体横截面和轴截面内的各项形状误差，如圆度、素线直线度、轴线直线度等。圆柱度是圆柱体各项形状误差的综合指标。

5）线轮廓度：符号为一个上凸的曲线（⌒），是限制实际曲线对理想曲线变动量的一项指标。它是对非圆曲线的形状精度提出的要求。

6）面轮廓度：符号为上面为一个半圆下面加一个横（⌓），是限制实际曲面对理想曲面变动量的一项指标，它是对曲面的形状精度提出的要求。

（2）方向公差

1）平行度（∥）：用来控制零件上被测要素（平面或直线）相对于基准要素（平面或直线）的方向偏离0°的程度，即要求被测要素相对基准要素等距。

2）垂直度（⊥）：用来控制零件上被测要素（平面或直线）相对于基准要素（平面或直线）的方向偏离90°的程度，即要求被测要素相对基准要素成90°。

3）倾斜度（∠）：用来控制零件上被测要素（平面或直线）相对于基准要素（平面或直线）的方向偏离某一给定角度（0～90°）的程度，即要求被测要素相对基准要素成一定角度（90°除外）。

（3）位置公差

1）同轴度（◎）：用来控制理论上应该同轴的被测轴线与基准轴线的不同轴程度。

2）对称度：符号是中间一横长的三条横线（≡），一般用来控制理论上要求共面的被测要素（中心平面、中心线或轴线）与基准要素（中心平面、中心线或轴线）的不重合程度。

3）位置度：符号是带互相垂直的两直线的圆（⊕），用来控制被测实际要素相对于其理想位置的变动量，其理想位置由基准和理论正确尺寸确定。

（4）跳动公差

1）圆跳动：符号为一个带箭头的斜线（↗），圆跳动是被测实际要素绕基准轴线做无轴向移动和回转一周时，由位置固定的指示器在给定方向上测得的最大读数与最小读数之差。

2）全跳动：符号为两个带箭头的斜线（◢），全跳动是被测实际要素绕基准轴线做无轴向移动的连续回转，同时指示器沿理想素线连续移动，由指示器在给定方向上测得的最大读数与最小读数之差。

1.4.5　表面粗糙度

表面粗糙度是指加工表面具有的较小间距和微小峰谷的不平度。由于两波峰或两波谷之间的距离（波距）很小（在 1mm 以下），属于微观几何形状误差。表面粗糙度越小，则表面越光滑。通常把波距小于 1mm 尺寸的形貌特征定义为表面粗糙度；1 ～ 10mm 尺寸的形貌特征定义为表面波纹度；大于 10mm 尺寸的形貌特征定义为表面形貌。

表面粗糙度一般是由采用的加工方法和其他因素所形成的，如加工过程中刀具与零件表面间的摩擦、切屑分离时表面层金属的塑性变形以及工艺系统中的高频振动等。由于加工方法和工件材料的不同，被加工表面留下痕迹的深浅、疏密、形状和纹理都有差别。

表面粗糙度与机械零件的配合性质、耐磨性、疲劳强度、接触刚度、振动和噪声等有密切关系，对机械产品的使用寿命和可靠性有重要影响。

1.4.6　从动轮介绍

从动轮是锻件的一种分类，主要应用于门式起重机、港机、桥式起重机、矿山机械等，又称天车轮、起重机车轮、港机车轮、车轮锻件、轮子锻件及锻钢车轮等。常用材料为 60、65Mn、42CrMo。从动轮是比较容易损坏的部件，根据行车的使用特点，要求车轮踏面有较高的硬度，并且有一定的淬硬层深度和过渡层（深度 >10mm，硬度 40 ～ 48HRC），以提高承载能力、耐磨性和抗接触疲劳的性能。同时，要求其基体组织有良好的综合力学性能和良好的组织状态，硬度应达 187 ～ 229HBW，使之具有高的韧性，提高抗冲击和抗开裂性能。主动轮就是提供动力，输出转矩和功率的轮，从动轮就是不提供动力，不输出功率和转矩的轮。主动轮受地面的力向前，是动力，从动轮受地面的力向后，是阻力。本书重点围绕从动轮组进行设计，图 1-19a 所示为主动轮组实物图，带主动输入轴，图 1-19b 所示为从动轮组实物图，图 1-19c 所示为从动轮组三维模型图。

a) 主动轮组实物　　b) 从动轮组实物　　c) 从动轮组三维模型

图 1-19　轮组图

习　题

1. 机械设计中常用材料有哪些？
2. 如何理解几何公差的概念？
3. SOLIDWORKS 软件中参考几何体有哪些？
4. 新建零件的步骤是什么？
5. 简述"基于特征"的概念。
6. 简述三维设计的基本概念。
7. 标准图纸幅面有哪几种？
8. 从动轮与主动轮有什么区别？

情景 2

从动轮垫板设计

操作技能点

坐标原点、草绘直线、草绘矩形、草绘圆、约束特征、拉伸特征、倒角特征、构建工程图、三视图、标注尺寸、剖视图、公差、标题栏属性。

2.1 垫板的设计图

垫板的设计图如图 2-1 所示。本图只有一块板，加工一个孔，倒角四条棱边。

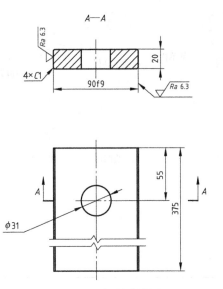

图 2-1 垫板的设计图

2.2 新建模型

启动软件后会出现图 2-2 所示的新手界面，这是系统默认的界面，进入会有一些新手指南。但是每一个企业都会制作自己的标准，出现在高级界面，如图 2-3 所示。这个是自定义设计的模板，分了四类，即三维焊件、三维零件、三维装配体和设备工程图，后续会分别讲解。

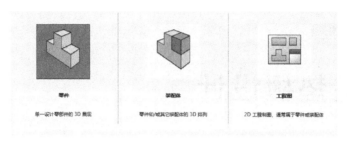

图 2-2　新手界面

图 2-3　高级界面

在图 2-3 中选择 "DKY_ 三维零件" 后进入绘图界面，如图 2-4 所示。与 Windows 操作系统一样，设有菜单栏（默认为收起状态）、标准工具栏（新建、打开、保存、打印等）、控制面板、辅助视图工具栏、状态栏、设计树（绘图过程特征的管理器，可以看出建模的先后顺序）、任务栏、绘图区、坐标原点（绘图空间的参考点）。

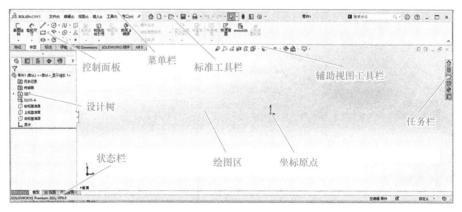

图 2-4　绘图界面

◇◆2.3　草图绘制

在图 2-5 所示设计树中，目前只显示材料（默认材料为 Q235–A）、基准面（前视、上视、右视）及图 2-4 中介绍的坐标原点。只要单击它们就会在绘图区中高亮显示，同时弹出快捷菜单，如图 2-6 所示。图标┗为草图绘制，单击即进入草图绘制界面，如图 2-7 所示。图标👁为显示与隐藏，基准面默认为隐藏，若显示则在绘图区高亮显示。图标🔎为放大所选范围。图标↧为正视于，快捷键为 <Ctrl+8>，经常使用的功能，因为在三维空间操作模型时，位置随意，但是草图绘制时必须在一个平面，这个平面就是正视于显示屏幕的平面。

图 2-5　设计树　　　　　　　　　　　　　　　图 2-6　快捷菜单

图 2-7 中，只要光标放在"直线"图标处，系统就会弹出动画演示，指导操作。单击旁边的三角符号弹出图 2-8 所示的下拉菜单，包括直线、中心线和中点线。

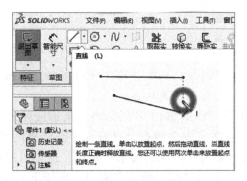

图 2-7　草图绘制界面　　　　　　　　　　图 2-8　直线子菜单

单击"直线"图标后，出现图 2-9 所示的直线草绘界面，这里默认设置，直接开始画图。

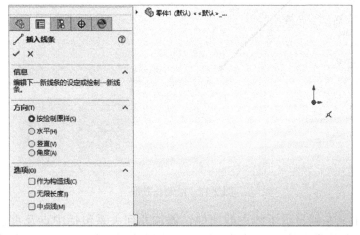

图 2-9　直线草绘界面

方向选择"按绘制原样"，任意点作为直线的起点和终点，尺寸约束后续添加。任意绘制的直线如图 2-10 所示，线的最右边的终点处实时显示线段长度与角度"0.1，180°"，一表示水平约束。

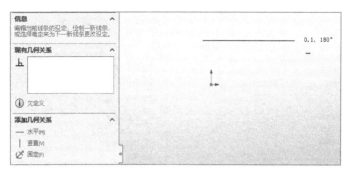

图 2-10　任意绘制的直线

直线命令除绘制直线外，还可以绘制圆弧，与直线相切，如图 2-11 所示。绘制直线时，起点选择左侧的坐标原点，任意长度确定终点，然后在终点附近使光标转圆弧，此时直线就变成圆弧线了。**注意：**如果图像完全固定则以黑色显示，无约束则为蓝色显示，过约束则为红色显示。机械绘图应确保图形完全

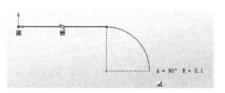

图 2-11　直线变圆弧

约束，同时对称图形要求关于原点对称绘制。草图中的约束分为尺寸约束和几何约束。几何约束又分为平行、重合、垂直、同心、对称、相切及共线等。

先用直线命令绘制一个长方形，尺寸任意，如图 2-12 所示，当线条形成闭环后会形成浅蓝色的面。图中的长方形为蓝色线段，说明未完全约束，只有水平与竖直两种约束。分析这个长方形，如果要完全约束，首先长方形与原点间的关系要确定，这里可以让左侧边的中点与原点重合，以使整个长方形关于横坐标对称。单击左侧边，再按下 <Ctrl> 键，然后单击坐标原点，出现图 2-13 所示的添加约束窗口。

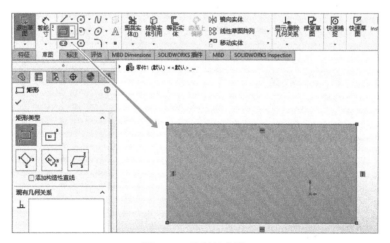

图 2-12　绘制长方形

在图 2-13 中，左侧显示了约束的属性，添加几何关系包括中点及重合。图形中间弹出快捷键，除中点及重合外，多了插入尺寸。这里选择"使成中点"，即让原点为左侧边的中点。此外，长方形的下边没有约束，单击选择水平添加约束。同时给长与宽的尺寸进行约束，这里尺寸可以是任意的，但是必须标注，便于后续的修改。尺寸标注时，单击"智能尺寸"，然后选择需要标注的边，在线上单击，然后将尺寸线拖放到线外的位置，单击放置尺寸，如图 2-14 所示。**注意：**如果选择线段的端点，则需要选择两个端点；

如果选择线，则只单击线段就可以标注尺寸。然后在弹出的尺寸框中输入尺寸，单击✅完成。

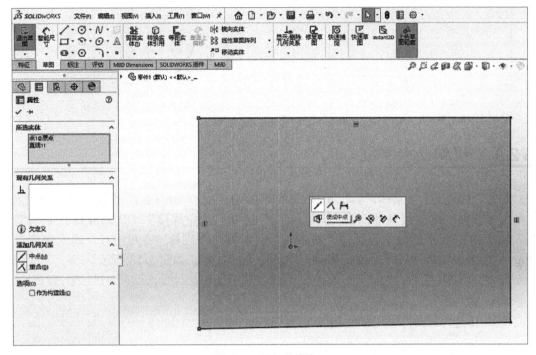

图 2-13　添加约束窗口

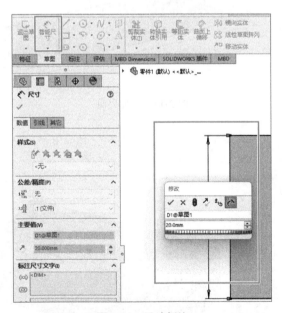

图 2-14　尺寸标注

长宽都标注后，整个图形都变成黑色，即图形完全约束，如图 2-15 所示。此时选择"特征"→"拉伸凸台 / 基体"，如图 2-16 所示。这时"特征"选项中可用的有拉伸凸台 /基体、旋转凸台 / 基体、扫描。

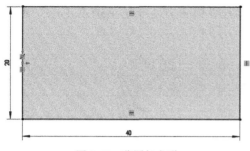

图 2-15　草图长方形　　　　　　　　　　　图 2-16　"特征"选项

◇◆ 2.4　拉伸凸台特征

单击"拉伸凸台/基体"后，出现图 2-17 所示界面。"从（F）"选择"草图基准面"作为起始条件，即前视基准面；"方向 1（1）"选择"给定深度"（从基准面开始到需要的高度），这里观察图形中的箭头，如果需要反向则单击图标☑；单击⌖，输入深度设为 10mm；箭头也可以通过鼠标进行拖放；单击✅完成拉伸，如图 2-18 所示。

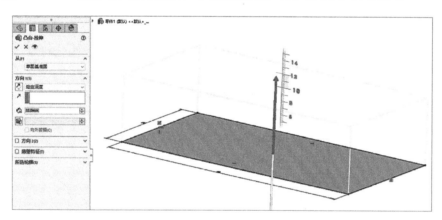

图 2-17　拉伸界面

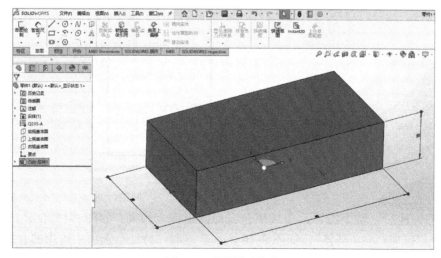

图 2-18　拉伸尺寸修改

在图 2-19 中，双击实体会出现尺寸，如果在草绘时没有标注尺寸，则不会显示尺寸。此时，双击长、宽、高三个尺寸，即可按照图样尺寸（375，90，20）修改。修改完后，如果模型还未变化，则单击标准工具栏上的红绿灯图标 ● 重建模型。

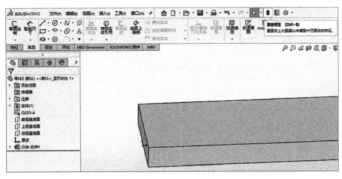

图 2-19　重建模型

◆2.5　拉伸切除特征

按照图样要求，在板上要开一个直径为 $\phi31$mm 的孔。我们可以选择平板的上表面或下表面作为草图基准面来绘制圆，这里单击上表面，如图 2-20 所示，再单击"草图绘制"图标 █ 即可进入草图绘制界面。

在"草图"选项中找到"圆"图标 ⊙，如图 2-21 所示。单击图标 ⊙ 后，在绘图区单击，第一点为圆心位置，第二点为圆的大小，如图 2-22 所示。

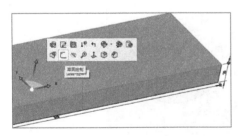

图 2-20　单击上表面

图 2-21　"圆"图标

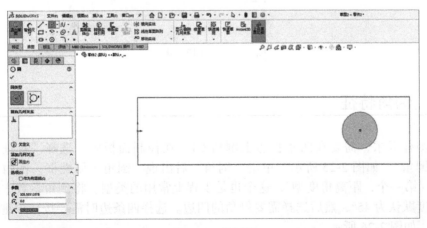

图 2-22　绘制圆

1）对圆添加约束：添加几何约束时，使圆心与坐标原点水平，即两点在同一条水平线上；添加尺寸约束时，圆心离最右侧水平距离设为55mm，圆的直径设为31mm，如图2-23所示。

图 2-23　圆约束

2）水平约束：选择坐标原点，然后按下 <Ctrl> 键，再选中圆的圆心，弹出约束快捷选项，选择"水平约束"。

3）尺寸约束：选择"智能尺寸"图标 。添加圆心到直线距离标注时，可以直接单击圆，再单击线；也可以先单击圆心，再单击线。添加圆的直径标注时，直接单击圆即可。

在"特征"选项中，选择图标 "拉伸切除"，在"方向1（1）"下拉菜单中选择"完全贯穿"后，单击 完成，如图2-24所示。

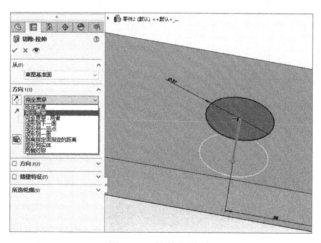

图 2-24　拉伸切除孔

◇◆2.6　倒角特征

根据图样要求，需要在四条长边上倒角 C1。在控制面板中，选择"特征"→"圆角"→"倒角"，如图2-25所示。单击"倒角"后出现"倒角"属性框，倒角类型采用默认类型（第一个，距离角度型），这个也是工程上常用的类型。将倒角参数中距离改成1mm，角度默认为45°，然后选择需要倒角的四边。选择四条边时需要按住中键滚轮转动三维模型，如图2-26所示。

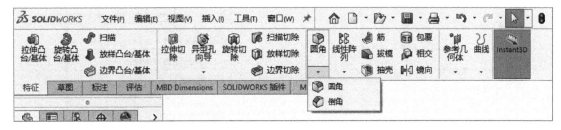

图 2-25　选择"倒角"

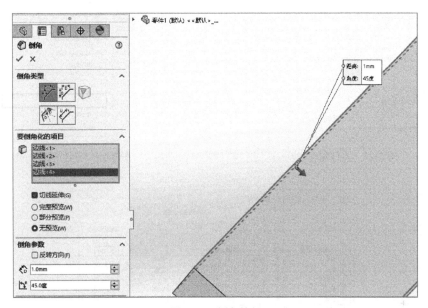

图 2-26　倒角特征

◆2.7　零件的保存与属性编辑

零件保存时，文件名应为"大写字母 + 数字"的形式，如图 2-27 所示。按照工程命名的惯例，首先将整套图样定义一个图号，如图号"DKY001"，说明图号是从 1 开始取名的。若总图的图号为"DKY001.0"，则部件图均以"XXX.0"表示，零件以"XXX-1"表示，总图的子部件 1 表示为"DKY001.1.0"，总图的零件 1 表示为"DKY001-1"，子部件 1 的零件 1 表示为"DKY001.1-1"，以此类推。

图号是每一张图的 ID 号，因此一定要按照一定的规则进行命名，不能随意地保存成中文名。三维模型的文件名会影响零件的属性、图样的图号、以及装配体中明细栏的图号，这些都是自动链接，后续修改会比较麻烦。希望大家做设计时候养成好的习惯。

如图 2-28 所示，单击"文件"→"属性"，出现图 2-29 所示"属性"对话框。根据材料明细表的要求，属性名称有图号、名称、规格、材料、设计及质量等，其中材料、质量等自动产生，设计可以在做模板时就设定好，也可以后续输入。这些属性会关联到零件的装配体及工程图等。这样后续设计出图时就会节约时间，而且也不容易出错。

在图 2-29 中，将图号的数字 / 文字表达中的"零件 1"修改为"DKY01-1"，名称改为"垫板"，其余参数类似。

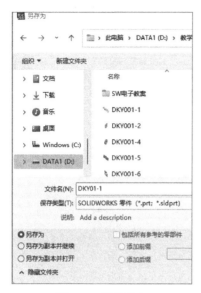

图 2-27 零件保存

图 2-28 零件的属性

	属性名称	类型	数值/文字表达	评估的值	
1	图号	文字	零件1	零件1	
2	名称	文字	名称	名称	
3	流水号	数字	0	0	
4	设计	文字	刘明	刘明	
5	校核	文字			
6	审核	文字			
7	宣审	文字			
8	总设计师	文字			
9	工程号	文字			
10	材料	文字	"SW-材质@DKY01-1.SLDPRT"	Q235-A	
11	质量	文字	"SW-质量@DKY01-1.SLDPRT"	5.2	
12	规格	文字	--	--	
13	年	文字			
14	月	文字			
15	设计阶段	文字	施	施	
16	<键入新属性>				

摘要　自定义　配置属性　属性摘要

材料明细表数量：

删除(D)　　-无-　　编辑清单(E)

图 2-29 "属性"对话框

◈ 2.8 垫板工程图

工程图也称为设计图，是指导零部件生产的重要文件。由于目前二维图还是工程师及制造人员交流的语言，所以工程图的最终展现形式为二维图。

新建工程图时，选择"DKY 设备工程图"，单击"确定"，如图 2-30 所示。

2.8.1 选择图纸格式

设计时优先采用 A 类标准图幅，即 A0、A1、A2、A3、A4、A5 等 11 种规格。必要时也允许选用所规定的加长幅面的 B 类和 C 类，加长幅面的尺寸由基本幅面的短边成整数倍增加后得出。

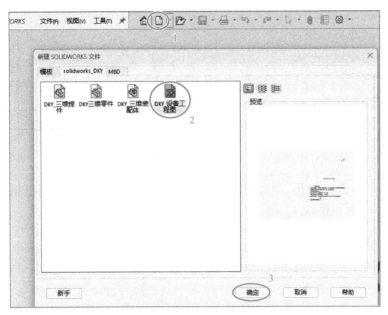

图 2-30　新建工程图

新建工程图后出现"图纸格式/大小"对话框，如图 2-31 所示，默认为标准格式。但是在实际工程中，当标准格式与公司的具体情况不相符合的，一般都会建立自己的标准体系。这时就选择"浏览"，可自定义图纸格式，如图 2-32 所示。

图 2-31　图纸格式 / 大小

在图 2-32 中，鉴于零件与部件的技术要求和图纸格式有差异，因此在制作模板时，采用零件与部件分开的方式进行。

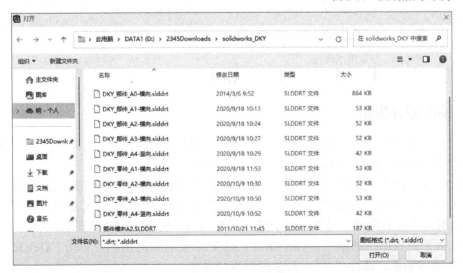

图 2-32　自定义图纸格式

垫板零件简单、信息量小，因此可以选择零件 A4 图纸格式，如图 2-33 所示。

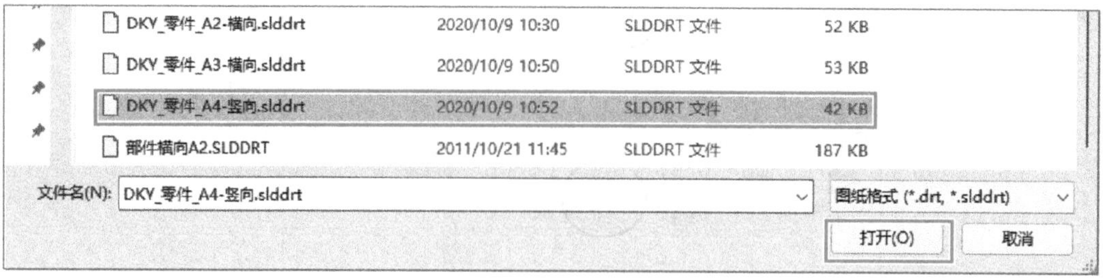

DKY_零件_A2-横向.slddrt	2020/10/9 10:30	SLDDRT 文件	52 KB	
DKY_零件_A3-横向.slddrt	2020/10/9 10:50	SLDDRT 文件	53 KB	
DKY_零件_A4-竖向.slddrt	2020/10/9 10:52	SLDDRT 文件	42 KB	
部件横向A2.SLDDRT	2011/10/21 11:45	SLDDRT 文件	187 KB	

文件名(N): DKY_零件_A4-竖向.slddrt   图纸格式 (*.drt, *.slddrt)

打开(O)   取消

图 2-33　零件 A4 图纸格式

在图 2-33 中单击"打开",出现图 2-34 所示界面,预览中出现图纸格式,单击"确定",出现图 2-35 所示格式。

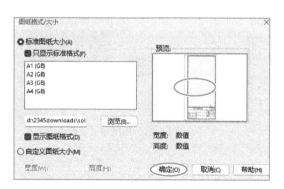

图 2-34　预览图纸格式

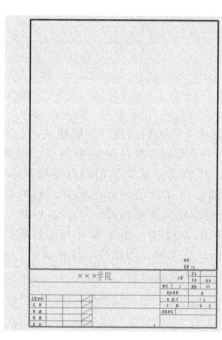

图 2-35　零件 A4 竖向格式

2.8.2　插入零件模型

如图 2-36 所示,单击"模型视图",出现模型视图的信息框,选择"浏览",找到需要插入的零件模型"DKY001-1",然后单击"打开"。

此时零件会随着鼠标移动,根据三视图的位置单击即可出现图形,如图 2-37 所示。图中进入的第一个图为主视图,其余图满足"高平齐,宽相等",即俯视图只能上下拖动,侧视图只能左右拖动。另外,由于建模的方向不一定满足出图的要求,因此需要调整主视图。留下俯视图,其余三个图形删除。选中需要删除的图形,单击"Delete",出现图 2-38 所示对话框,选择"是",其余图形按此操作。

如图 2-39 所示,工程视图角度中,正为逆时针,负为顺时针,要出现图 2-40 所示视图,应改为 -90°。

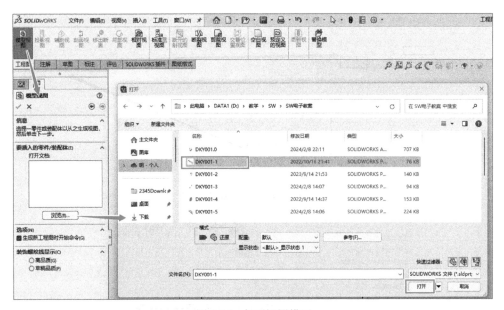

图 2-36　打开视图模型

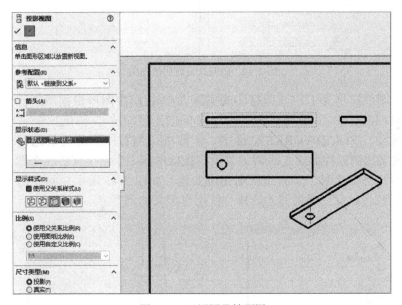

图 2-37　三视图及轴测图

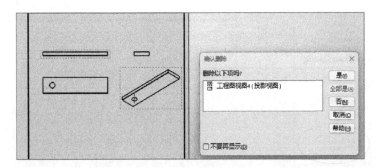

图 2-38　删除视图对话框

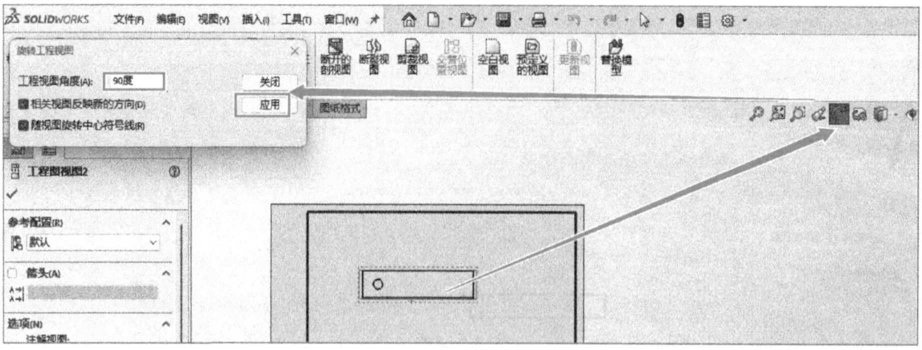

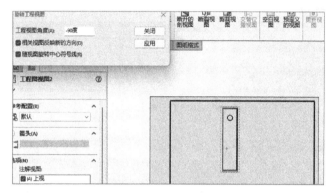

图 2-39　旋转视图

图 2-40　顺时针旋转后的视图

　　工程图中图纸比例为 1∶1（即打印的实际大小），图中图形根据图纸比例缩放，这一点与 AutoCAD 相反（图形按照 1∶1，打印时根据比例缩放）。图纸比例一般位于标题栏的位置（比例尺）。SOLIDWORKS 软件中，工程图比例有使用父关系比例、使用图纸比例、使用自定义比例三种形式。所谓父关系，是指由前一个图生成后一个图，也称为父子关系。当父的比例变化时，子的比例则相应变化，如图 2-41 所示。除此之外，最好选择"使用图纸比例"，只有局部视图才选择"使用自定义比例"。

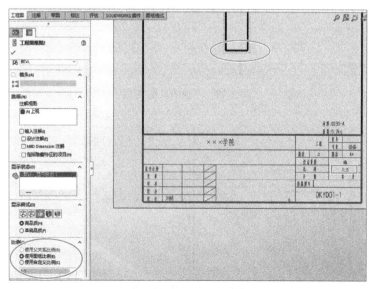

图 2-41　图形比例模式

修改图纸比例时，右击"图纸2"（如果是第一张图，可能是图纸1），如图2-42所示，在弹出的菜单中选择"属性...（H）"，则出现图2-43所示对话框。

在图2-43中，比例（s）处修改比例为1：2。投影类型默认是"第一视角"，我国和俄罗斯都采用第一视角，最后单击"应用更改"，图纸比例就修改了，如图2-44所示。

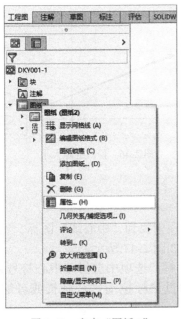

图 2-42 右击"图纸 2"

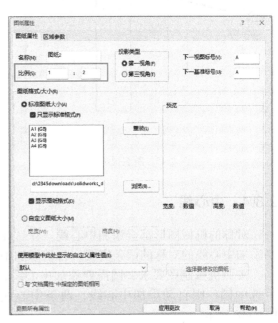

图 2-43 修改图纸比例

2.8.3 断裂视图

断裂视图可以将工程图视图以较大比例显示在较小的工程图纸上，可使用一组折断线在视图中生成一缝隙或折断。与断裂区域相关的参考尺寸和模型尺寸反映实际的模型数值，即断裂的部分不影响模型的实际尺寸。视图中可使用多条折断线，所有折断都使用相同缝隙和折断线样式。垫板只有一个孔，但是板子又太长，没有太多信息，因此中间可以采用折断方式缩短板子长度。如图2-45所示，在工程图中选择"断裂视图"，切除方向包含横向和纵向，这里选择"纵向"，缝隙大小指两条断裂线的间距，默认是3mm，1mm的间隙太小（见图2-46）。折断线样式根据实际情况选择，这里采用双折线样式。断裂视图属性设置好后，在图形中分别沿纵向单击垫板的两处后完成。

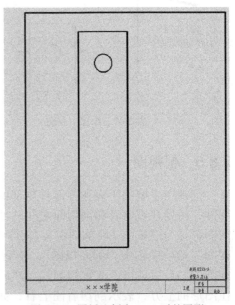

图 2-44 图纸比例为 1：2 时的图形

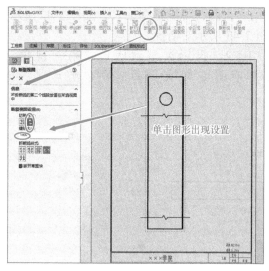

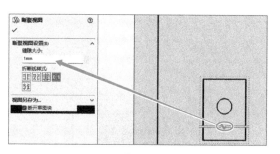

图 2-45　断裂视图　　　　　　　　　　　图 2-46　修改缝隙大小

2.8.4　中心线

对称的机械图形都会添加中心线。在"注解"选项中找到"中心线"图标，然后选择要添加中心线的对称的两条实线，自动添加中心线，如图 2-47 所示。

按照机械制图要求，圆需要添加中心线，在"注解"选项中选择"中心符号线"，然后选中圆，则自动添加中心线，两条中心线可以通过鼠标拉动进行延长或者缩短，如图 2-48 所示。

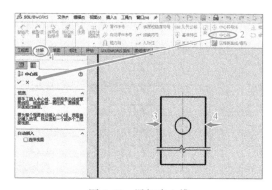

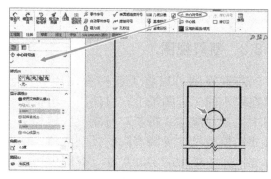

图 2-47　添加中心线　　　　　　　　　　图 2-48　添加圆的中心线

2.8.5　剖视图

剖视图主要用于表达零部件内部的结构形状，假想用一剖切面（平面或曲面）剖开零部件，将处在观察者和剖切面之间的部分移去，而将其余部分向投影面上投射，这样得到的图形称为剖视图（简称剖视），软件中翻译名字为"剖面视图"。如图 2-49 所示，在"工程图"选项中选中"剖面视图"，然后选择切割线的方向，这里选择垂直方向，鼠标捕捉到圆中心点后单击，放置切割线。然后根据剖视图放置的位置决定剖切方向，这里选择放在图形的上方，表示剖切后往上看，如图 2-50 所示。当然，切割线也可以先草图绘制好，然后选中切割线再单击"剖面视图"即可得剖视图。

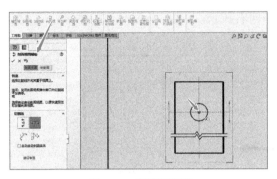

图 2-49　剖面切割线

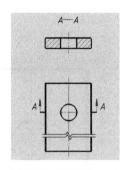

图 2-50　剖面图 A—A

2.8.6　尺寸标注

图样上的尺寸由尺寸界线、尺寸线、尺寸起止符号和尺寸数字组成。尺寸界线应用细实线绘画，一般应与被标注长度垂直，其一端应离开图样的轮廓线不小于 2mm，另一端宜超出尺寸线 2 ～ 3mm。必要时可利用轮廓线作为尺寸界线。尺寸线也应用细实线绘画，并与被标注长度平行，但不宜超出尺寸界线（特殊情况下可以超出尺寸界线）。图样上任何图线都不得用作尺寸线。尺寸起止符一般应用中粗短斜线绘画，其倾斜方向应与尺寸界线成顺时针 45°，长度宜为 2 ～ 3mm。在轴测图中标注尺寸时，其起止符号宜用小圆点。

如图 2-51 所示，在"注解"选项中选择"智能尺寸"，可以选择一条边（1），或者选择两条边（2，3），出现导向器后，选择左右半边，则尺寸放在相应的一侧，连续使用会保证各尺寸标注位置等间距。

对于孔的定位，选择边（2）和圆即可获得圆的纵向定位。直接单击圆可以标注圆直径。

图 2-52 中的剖面标注与尺寸标注重合在一起了，如何调整剖面线长短呢？右击切割线 A—A，在弹出的快捷菜单中选择"编辑草图"，如图 2-53 所示。

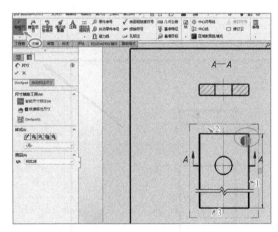

图 2-51　尺寸标注

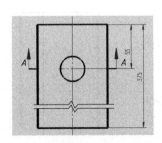

图 2-52　圆孔定位尺寸

图 2-53　切割线编辑菜单

在图 2-54 中，选择端点，然后水平向右拉长。

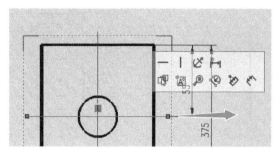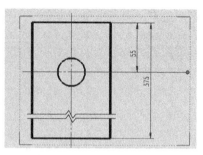

图 2-54　拉伸切割线

如图 2-55 所示，选择"退出草图"。如果切割线太长，也可以直接按住左键拖动。在图 2-56 中，单击最上面的"红绿灯"图标进行重建模型，图形颜色框就会去掉。

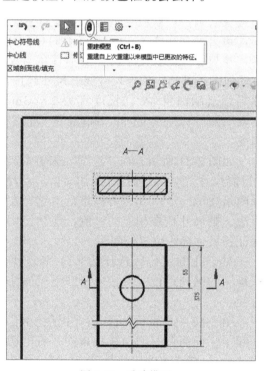

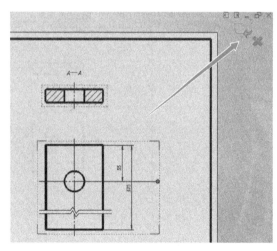

图 2-55　退出草图　　　　　　　　　　　图 2-56　重建模型

圆的尺寸标注如图 2-57 所示，如果要让尺寸数字水平，需要选中尺寸，按照图 2-58 中设置进行操作，文字位置选择"水平"，这样尺寸线就折弯，孔直径尺寸数字变成水平了。

标注的尺寸可以修改，但是默认的尺寸"<DIM>"最好不要修改，因为修改后尺寸与模型不关联，后续模型有变化时这个尺寸将不改变。因此，如果在尺寸 90 后面添加 f9，只需在尺寸属性中"标注尺寸文字"文本框中的 <DIM> 后面添加"f9"，如图 2-59 所示。

倒角标注时，先选择斜边再单击直边，如图 2-60 所示，显示 C1 倒角尺寸。然后在图 2-61 中修改，在 <DIM> 前面添加"4×"。

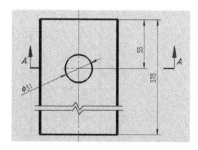

图 2-57　圆的尺寸标注

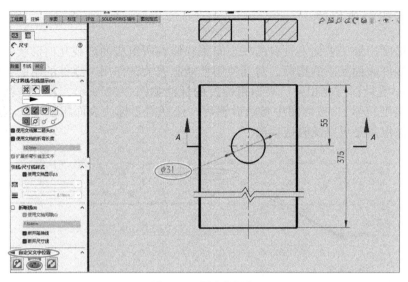

图 2-58　圆直径标注

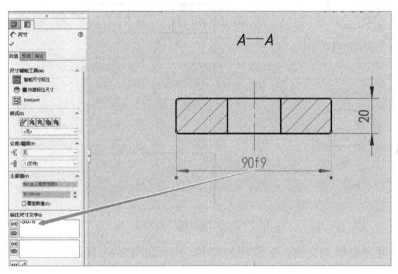

图 2-59　公差标注

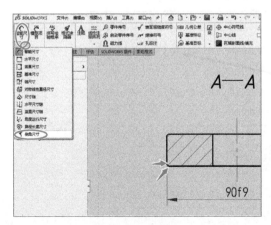

图 2-60　倒角标注

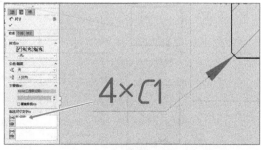

图 2-61　修改倒角

2.8.7 表面粗糙度标注

表面粗糙度指加工表面上具有的较小间距和峰谷所组成的微观几何形状特性。表面粗糙度是衡量零件表面品质的指标，对其使用性能起着关键作用。零件的耐磨程度、抗腐蚀能力以及装配质量都与此相关。表面粗糙度的标注如图 2-62 所示，在"注释"选项中找到"表面粗糙度符号"，按照图中参数设置后，选择需要标注表面粗糙度的表面并确定放置位置，当然位置是可以随时拖动的。

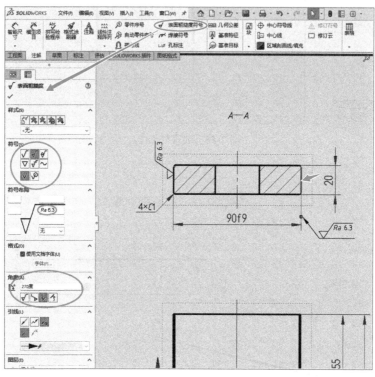

图 2-62　表面粗糙度的标注

表面粗糙度还能添加文字，如常用的"其余"，如图 2-63 所示。

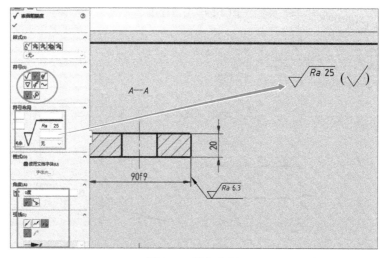

图 2-63　添加文字

2.8.8　标题栏

无论图纸多大，标题栏大小都应为 180mm。GB/T 10609.1—2008《技术制图　标题栏》规定了技术图样中标题栏的基本要求、内容、尺寸与格式。标题栏通常包括图名、图样编号（简称图号）、签名栏、流水号、公司代号和日期等元素。这些元素都应该在标题栏中明确标注，以便于识别和管理。

如图 2-64 所示，此标题栏缺少"图名"信息。

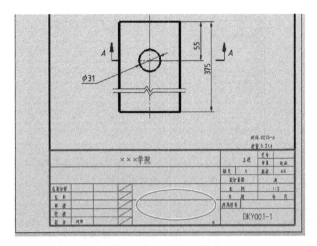

图 2-64　标题栏信息缺失

任意选择一个视图，单击"打开零件"，如图 2-65 所示。

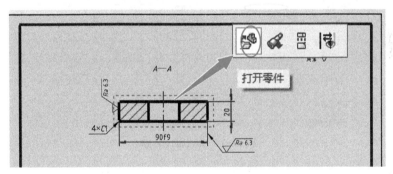

图 2-65　单击"打开零件"

在打开的零件图中修改零件属性，可以从"文件"→"属性"中修改，也可以按照图 2-66 来打开。自定义属性中包括属性名称、类型、数值 / 文字表达等。增减属性名称如图 2-67 所示，单击"编辑清单"，空白框处输入名称"图名"，单击"添加"。这样就可以在属性名称列下拉菜单中选择新添加的名称了。

2.8.9　工程图转换成 PDF 格式

三维软件生成的工程图，不利于打印店流通，因此工程实际中往往将工程图转换成 PDF 格式。SOLIDWORKS 软件的工程图可以直接输出转换成 PDF，但是在输出过程中会出现字体被替换的情况，所以实际操作时会选择 PDF 虚拟打印机进行转换。如图 2-68 所示，选择 Microsoft Print to PDF（当然也有其他的 PDF 虚拟打印机），选择"页面设置"，弹出图 2-69 所示"页面设置"对话框,比例选择 100%,工程图颜色选择"黑白"(将彩色转换成黑色,避免打印出来的彩色线条因颜色变浅而模糊)。纸张大小和方向根据图样规格来选择,垫板预览图如图 2-70 所示。

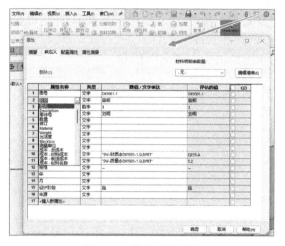

图 2-66 修改零件属性

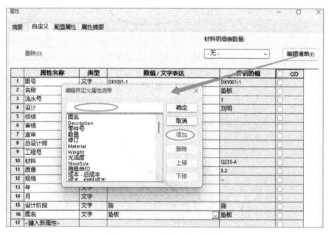

图 2-67 增减属性名称

图 2-68 PDF 虚拟打印机

图 2-69 "页面设置"对话框

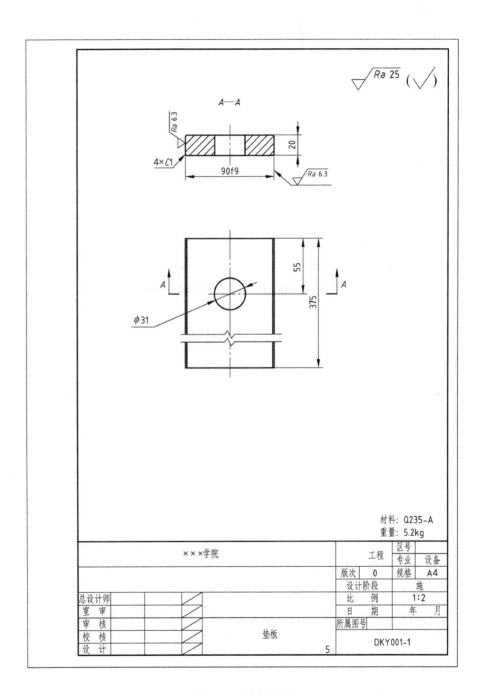

图 2-70　垫板预览图

习　题

根据图 2-71 所示要求进行三维建模并转化成工程图。

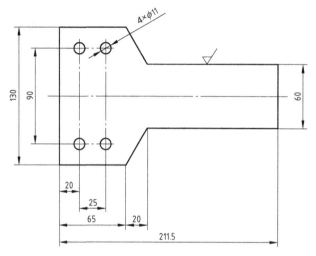

图 2-71　刷柄设计图（材料为 Q235-A）

从动轮端盖设计

操作技能点

旋转实体特征、孔特征、圆周阵列特征、圆角特征、直径标注、切线不可见、构建工程图、三视图、标注尺寸、剖视图、公差。

◇◆3.1 端盖的设计图

端盖的设计图如图 3-1 所示。端盖是轴类零件的代表，用于回转轴端部封闭保护，应用非常广泛。

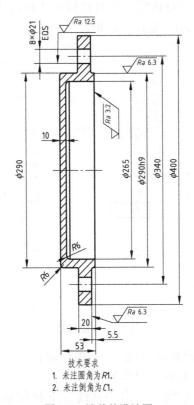

技术要求
1. 未注圆角为 R1。
2. 未注倒角为 C1。

图 3-1 端盖的设计图

◆◆ **3.2**　草图绘制

启动软件后，单击"文件"→"新建"，弹出图 3-2 所示界面，选择"DKY 三维零件"，单击"确定"后进入零件设计界面，在界面的左侧设计树处找到默认材料 Q235-A，如图 3-3 所示，大部分工程的零件都采用此材料。

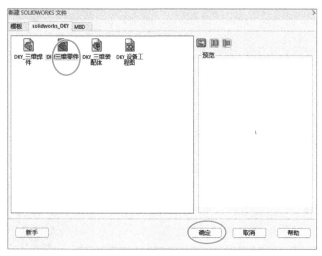

图 3-2　新建界面　　　　　　　　　　　　　　　图 3-3　选择材料

根据实际情况可以修改材料，右击"Q235-A"，弹出图 3-4a 所示快捷菜单。选择"编辑材料"，出现图 3-4b 所示对话框，在对话框中选择需要的材料，则会显示材料的属性，单击"应用"后选择"关闭"退出对话框。

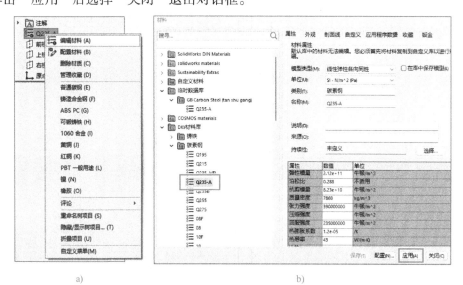

a)　　　　　　　　　　　　　　　　　　b)

图 3-4　编辑材料

在左侧设计树处单击"前视基准面"，出现快捷提示，选择"草图绘制"，如图 3-5 所示，则进入草绘界面。

作为回转体，先绘制中心线。单击"直线"下拉按钮，出现图 3-6 所示下拉菜单，包括直线、中心线、中点线 3 种，选

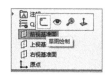

图 3-5　选择"草图绘制"

择 ⟋ 中心线(N) 。

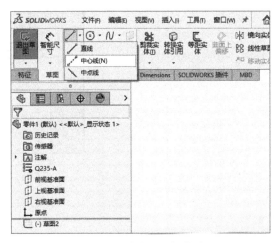

图 3-6　"直线"下拉菜单

绘制中心线时，选择坐标原点、水平，不需要长度，如图 3-7 所示。

图 3-7　水平中心线

选择"直线" ⟋ ，连续绘制轮廓图，轮廓图在中心线的同一侧，同时要求形成闭环，这是从动轮端盖的一半截面，如图 3-8a 所示。除线段 1 外，所有线都添加了水平或竖直约束。单击线段 1，出现快捷菜单，选择"使竖直"，如图 3-8b 所示。

选择线段 2，按住 <Ctrl> 键再选择线段 3，弹出图 3-8c 所示快捷菜单，选择"使共线"。

选择最左侧边线段 1，按住 <Ctrl> 键再选择坐标原点，选择"使重合"，这样最左侧边与坐标原点对齐。

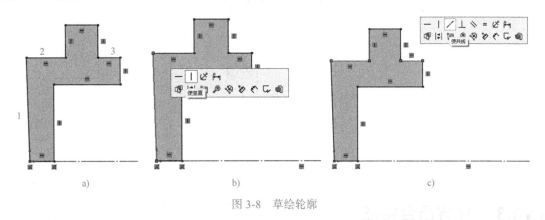

a)　　　　　　　　　b)　　　　　　　　　c)

图 3-8　草绘轮廓

如图 3-9 所示，尺寸标注时，依次单击 1、2、3 点，则可生成直径标注，然后修改尺寸。注意第 3 点只要在中心线下方就可以。尺寸修改后如图 3-10 所示，照样子对其余尺寸进行标注，当整个图形变成黑色时，说明已经完全约束，如图 3-11 所示。

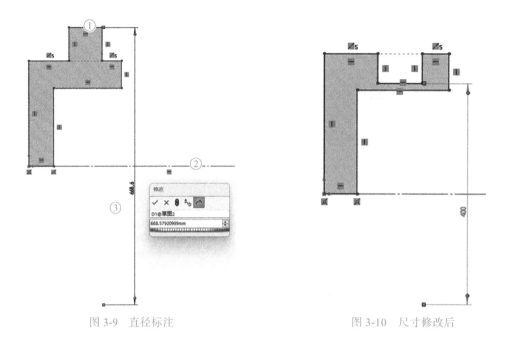

图 3-9　直径标注　　　　　　　　　　　　　图 3-10　尺寸修改后

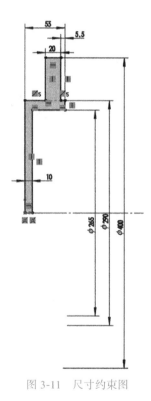

图 3-11　尺寸约束图

3.3　旋转凸台特征

　　草图约束好后，单击"特征"→"旋转凸台 / 基体"，默认草图中的中心线为回转中心，如图 3-12 所示。

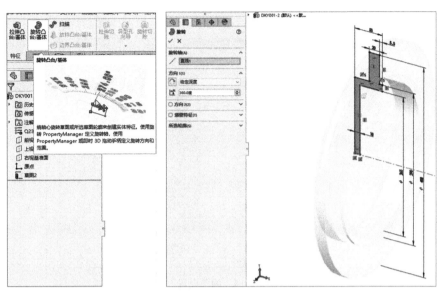

图 3-12　旋转凸台特征

旋转完成后，在设计树中右击"旋转 1"，可以进行模型外观颜色设置，如图 3-13 所示。

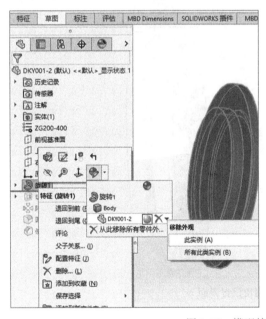 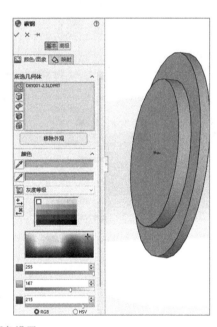

图 3-13　模型外观颜色设置

3.4　圆角与倒角特征

按照图 3-14 所示进行圆角设置，选择端盖的内外轮廓线，圆角半径为 6mm。单击"圆角"下面的三角符号，选择"倒角"，打开如图 3-15 所示界面，选择需要倒角的边，设置倒角尺寸与角度，一般为 45°。

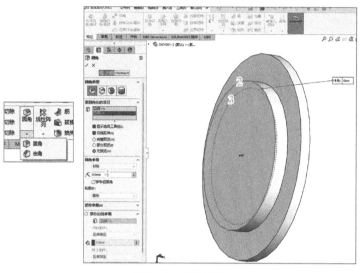

图 3-14 圆角设置

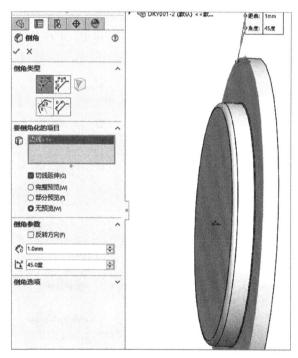

图 3-15 倒角设置界面

◇◆ 3.5 旋转阵列特征

　　选择端盖的外环面作为草绘平面，如图 3-16 所示。

　　进入草绘平面，图形自动正视于显示屏幕，如图 3-17 所示，在"草图"选项中选择"圆"进行绘制。然后定位圆，标注圆的直径（见图 3-18），加约束，使圆心与原点水平（见图 3-19）。圆定位好以后，选择"拉伸切除"，选择"完全贯穿"，孔就"钻"好了，如图 3-20 所示。

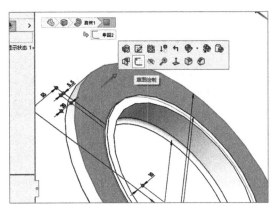

图 3-16　选择草绘平面

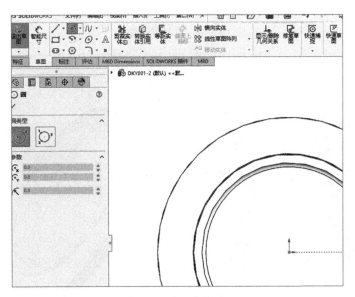

图 3-17　进入草绘平面

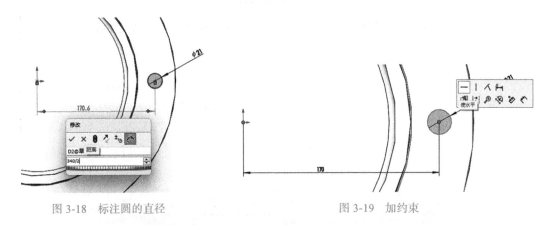

图 3-18　标注圆的直径　　　　　　　　　　图 3-19　加约束

　　孔拉伸完成后，需要圆周旋转阵列，如图 3-21 所示。在"线性阵列"的子菜单中选择"圆周阵列"，选择外圆面作为回转轴以确定旋转方向，选择等间距、360°（360.0 度）、8，选择内孔，即整周等间距阵列 8 个孔特征，操作顺序没有严格的要求。

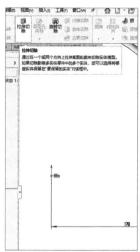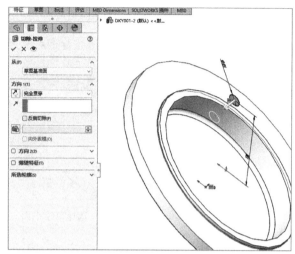

图 3-20　孔拉伸切除

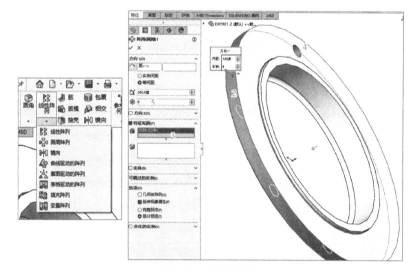

图 3-21　孔旋转阵列

按照图 3-22 进行零件属性设置，然后保存为 DKY001-2，模型绘制结束。

图 3-22　零件属性

◆ 3.6 工程图

新建工程图时,首先选择图纸格式,如图 3-23 所示,由于模型相对简单,选择 A4 纵向格式,单击"打开",模型视图中浏览并找到上面保存的 DKY001-2 零件,单击"打开",如图 3-24 所示,然后在图纸空白处放置模型。对主视图进行全剖可以表达所有信息。在图 3-25 左侧"图纸 1"右击,选择"图纸属性",修改图纸比例为 1∶3。标准的图纸比例选择 1∶2 太大,选择 1∶5 又太小,所以只能用非标准的图纸比例。

图 3-23 选择图纸格式

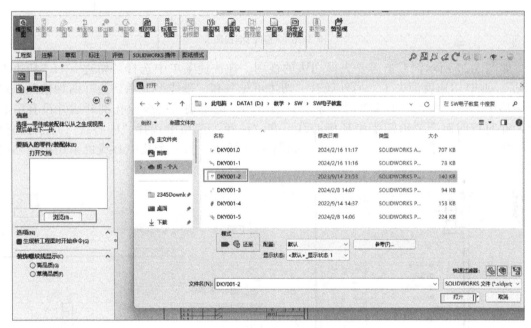

图 3-24 选择三维零件

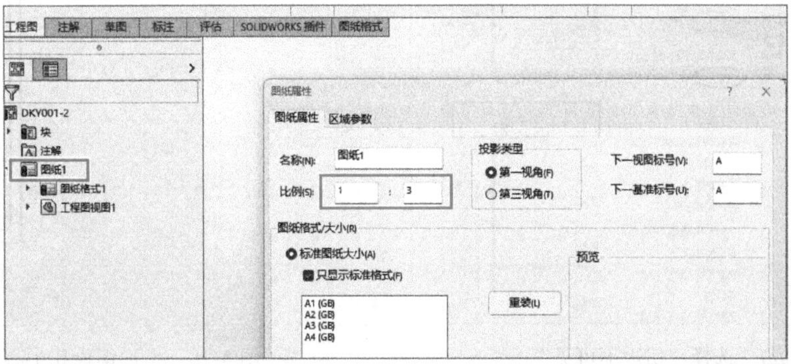

图 3-25 修改图纸比例

绘制全剖视图时，先草绘形成封闭图形，并且选中，然后由"草图"切换到"工程图"，选择"断开的剖视图"，选择端盖纵向的一条边，自动计算深度尺寸，如图 3-26 所示。图中在内圈圆角处显示了切边，按照出图惯例，切边不显示。

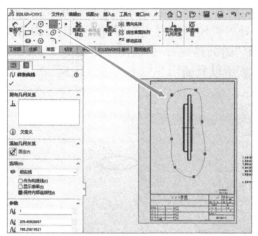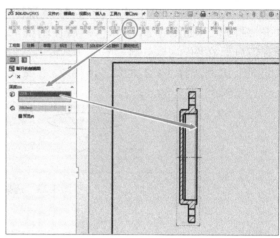

图 3-26　断开的剖视图

如图 3-27 所示，右击需要去掉切边的视图，在快捷菜单中选择"切边"→"切边不可见"，此时切边就消失了，另外还有"切边可见"和"带线型显示切边"两种情况。对于图形中心线，调入图形模型时，系统自动添加，但是端盖的螺栓孔剖开后并没有中心线，此时按照制图要求需要添加中心线。在"注释"选项中选择"中心线"，然后选择孔的两条边线，即可自动添加中心线，如图 3-28 所示，另一个孔中心线也采用相同办法添加。

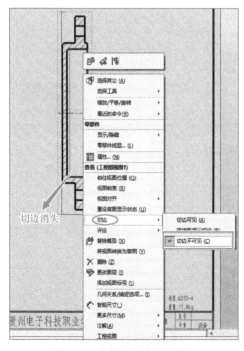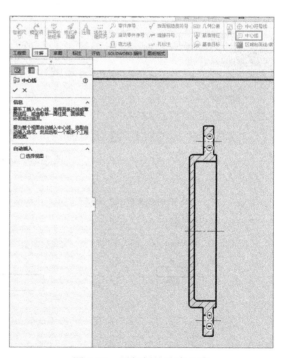

图 3-27　选择"切边不可见"　　　　　　　　图 3-28　添加螺栓孔中心线

　　中心线添加好后，开始进行尺寸标注。在"注释"选项中选择"智能尺寸"，标注方式和草图尺寸标注一样，连续标注直径。唯一不同的是，旋转体会自动添加直径符号 ϕ，如图 3-29 所示。对于没有添加直径符号 ϕ 的尺寸，如选择中心线标注的 340 并没有直径符号 ϕ，按照图 3-29b 所示三步添加直径符号。第一步选中需要添加直径符号 ϕ 的尺寸；第二步在"标注尺寸文字"中，光标置于 <DIM> 之前；第三步单击左下角符号 ϕ，则尺寸 340 变成了 ϕ340。

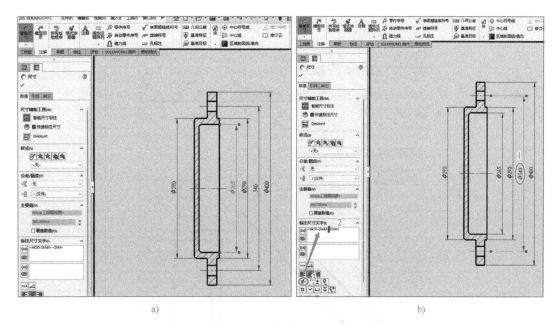

a)　　　　　　　　　　　　　　　b)

图 3-29　直径标注

　　当两个尺寸很小又靠得很近时，箭头形式的尺寸必须错开标注，如图 3-30a 所示。如果并排在一起，就无法区分箭头的起止位置，如图 3-30b 所示。

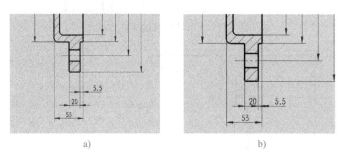

a)　　　　　　　　　　　b)

图 3-30　紧靠的小尺寸标注

　　一般的处理方式是将箭头调整为圆点，如图 3-31 所示。

　　8 个均布孔的标注方式如图 3-32 所示，标注孔尺寸时只出现 ϕ21，因此要在此前添加 "8×" 和 "EQS"。标注好表面粗糙度后，按照图号 DKY001-2 保存图样，如图 3-33 所示。

　　在零件属性中添加图名"端盖"。由于在从动轮垫板设计项目中已经添加"图名"属性，因此可以直接选择，如图 3-34 所示。

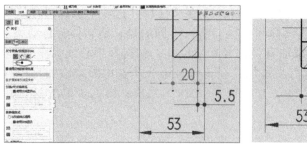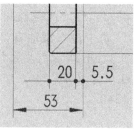

图 3-31　箭头调整为圆点

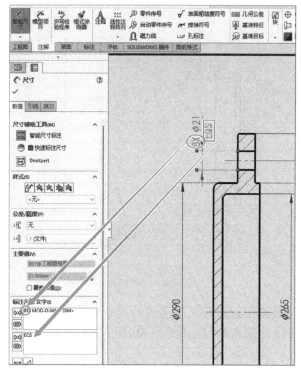

图 3-32　8 个均布孔的标注方式

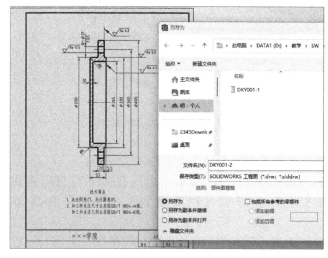

图 3-33　保存图样

　　考虑不同图号之间图样的引用，所以流水号最好在工程图摘要信息中直接修改，如图 3-35 所示。设置流水号为 4，即表示第四张图样。

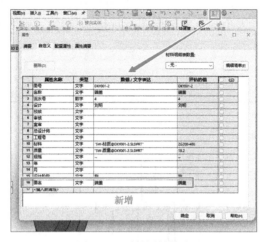

图 3-34　零件属性修改

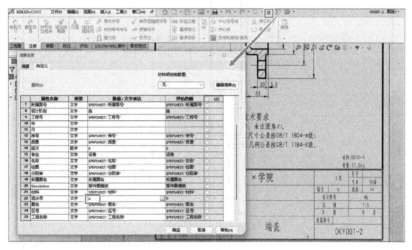

图 3-35　摘要信息修改

　　将工程图转换成 PDF 格式，如图 3-36a 所示，名称选择"Microsoft Print to PDF"

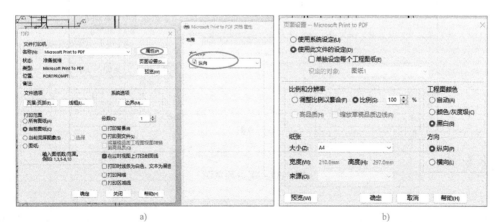

a)　　　　　　　　　　　　　　　　　　b)

图 3-36　PDF 打印设置

（当然也可以有其他的 PDF 虚拟打印机），单击"属性"，弹出"Microsoft Print to PDF 文档属性"对话框，方向选择"纵向"。选择"页面设置"，弹出如图 3-36b 所示对话框，比例选择 100%，工程图颜色选择"黑白"（将彩色转换成黑色，避免打印出来的彩色线条因颜色变浅而模糊）。纸张大小和方向根据图纸规格来选择，端盖预览图如图 3-37 所示。

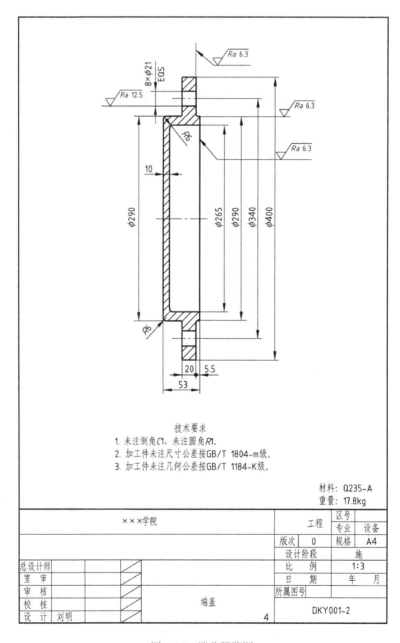

图 3-37　端盖预览图

根据图 3-38 所示要求进行三维建模并转化成工程图。

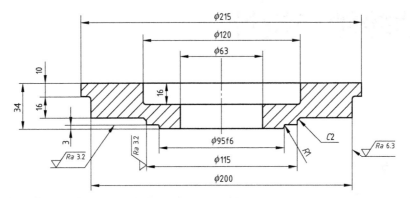

图 3-38 端盖设计图（未注圆角为 R2，未注倒角为 C1）

从动轮轴套设计

操作技能点

　　坐标原点、草绘直线、草绘矩形、草绘圆、约束特征、旋转实体特征、不规则倒角特征、构建工程图、三视图、标注尺寸、剖视图、公差。

◆4.1　轴套的设计图

　　轴套的设计图如图 4-1 所示。

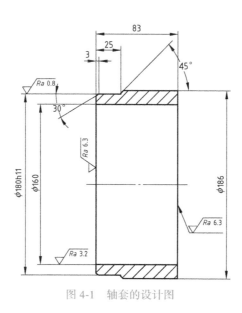

图 4-1　轴套的设计图

◆4.2　草图绘制

　　启动软件后，单击"文件"→"新建"，弹出图 4-2 所示对话框。

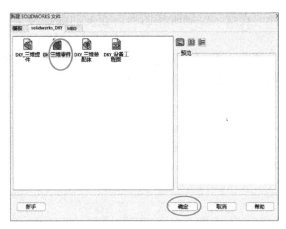

图 4-2 "新建文件"对话框

　　如图 4-3a 所示，默认材料是 Q235-A，也可以单击修改材料。右击"Q235-A"，弹出图 4-3b 所示菜单。选择"编辑材料"，在对话框中选择需要的材料，则会显示材料的属性，单击"应用"，再单击"关闭"退出对话框。

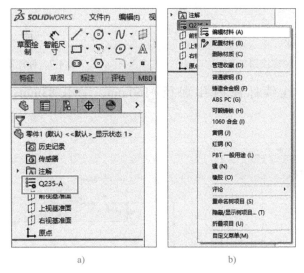

a)　　　　　　　　　　　　　　　　　b)

图 4-3 材料设置

　　如图 4-4 所示，选择"前视基准面"进行草图绘制。

过坐标原点任意画一条中心线，没有长度限制，如图 4-5 所示。

图 4-4 选择草绘平面

图 4-5 绘制中心线

如图 4-6 所示，选择"直线"绘制阶梯图形，左侧的起点与坐标原点对齐。接下来进行尺寸标注。

标注尺寸时，首先选择最大的尺寸进行标注，如图 4-7 所示，这样避免图形受尺寸约束而变得混乱，同时将尺寸数字修改为 ϕ186mm。

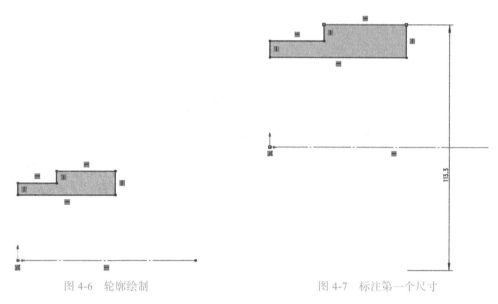

图 4-6　轮廓绘制　　　　　　　　　　　　　图 4-7　标注第一个尺寸

如图 4-8 所示，连续标注内孔直径 ϕ160mm，总长 83mm，台阶尺寸 180mm、25mm。

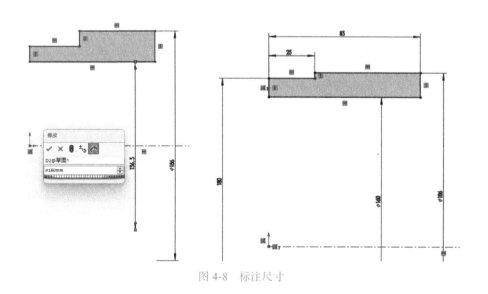

图 4-8　标注尺寸

◇◆4.3　旋转凸台特征

选择特征中的"旋转凸台特征"，系统默认以图 4-8 所示草图中的中心线为旋转轴，以绘制的二维封闭草图为旋转截面，生成预览效果，如图 4-9 所示，单击 ✓ 确定。

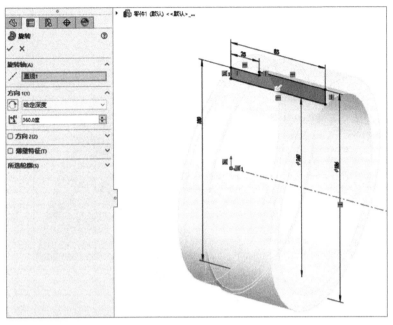

图 4-9　旋转特征

　　圆边倒角时，选择"特征"→"圆角"→"倒角"，打开倒角界面，选择需要倒角的边线，输入倒角参数，长度为 2.5mm，角度为 45°，如图 4-10 所示。

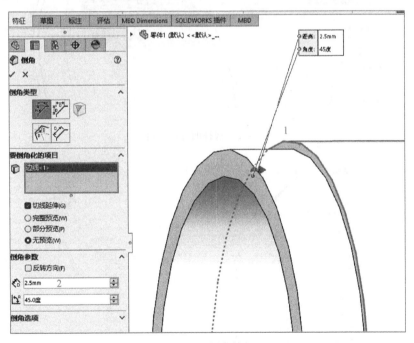

图 4-10　倒角特征

　　设置非标准倒角特征（即倒角的角度非 45°）时，设置尺寸为 3mm，角度为 30°，如图 4-11 所示。

　　除选择边之外，如果需要批量倒角，可以选择面，在此面上的边都进行倒角，如图 4-12 所示。添加零件属性，如图 4-13 所示，然后保存。

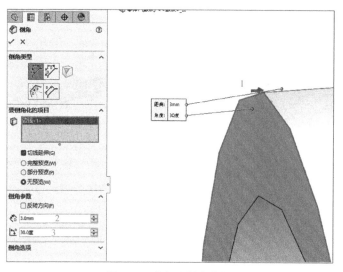

图 4-11　非标准倒角特征

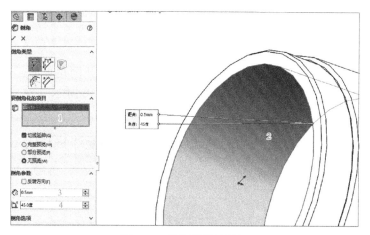

图 4-12　选择面进行倒角

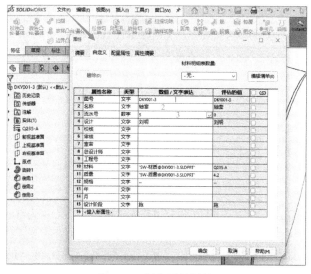

图 4-13　添加零件属性

◈◆4.4　工程图

新建工程图时，选择 A4 零件图纸，如图 4-14 所示。在"工程图"选项中选择"模型视图"，单击"浏览"，选择"DKY001-3"打开，如图 4-15 所示。

图 4-14　选择图纸

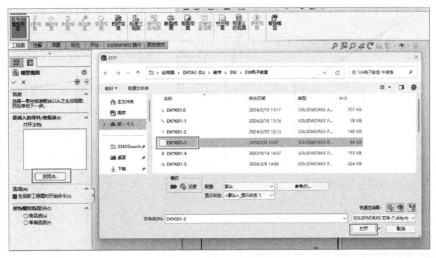

图 4-15　插入三维模型

右击"图纸 2"，选择"图纸属性"，进入"图纸属性"对话框，图纸比例设为 1∶2，单击"应用更改"，如图 4-16 所示。

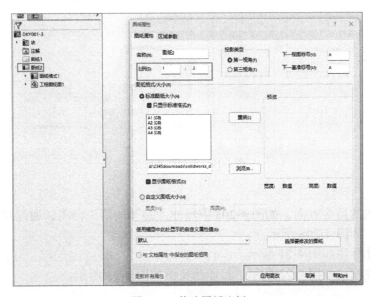

图 4-16　修改图纸比例

　　轴套相对简单，只需要一个主视图，全剖后就可以完全表达零件信息。首先，在"草图"选项中选择"矩形"绘制矩形图，应覆盖整个主视图，并保证草图被选中，高亮显示，如图 4-17 所示。接着在"工程图"选项中单击"断开的剖视图"，任意选中一条纵向边，但这条边应该关于中心线对称，此时选中"预览"则会自动计算出深度，如图 4-18 所示。（注：这里最好以选择边进行计算的方式，也可以直接输入深度尺寸，但是如果以后模型大小有改动，此处的深度则不会跟着改变。）最后单击 ✅，剖视图如图 4-19a 所示。按照图 4-19b 进行保存。

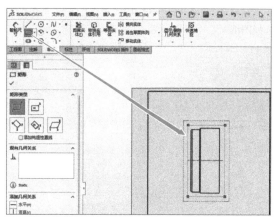

图 4-17　草绘矩形

图 4-18　断开的剖视图

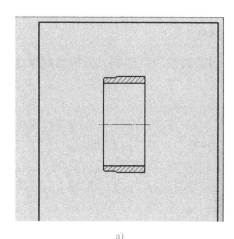

a)

b)

图 4-19　剖视图及保存

　　对于尺寸线的箭头方向，如图 4-20a 中尺寸"25"的箭头向内，通过双击尺寸线箭头可使箭头反向，如图 4-20b 所示。

　　剩余的尺寸标注如图 4-21 所示。

　　明细栏属性修改如图 4-22 所示，打印预览图如图 4-23 所示。

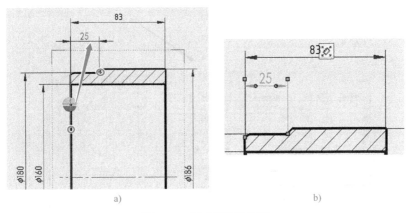

a)　　　　　　　　　　　　　　b)

图 4-20　尺寸线箭头调整

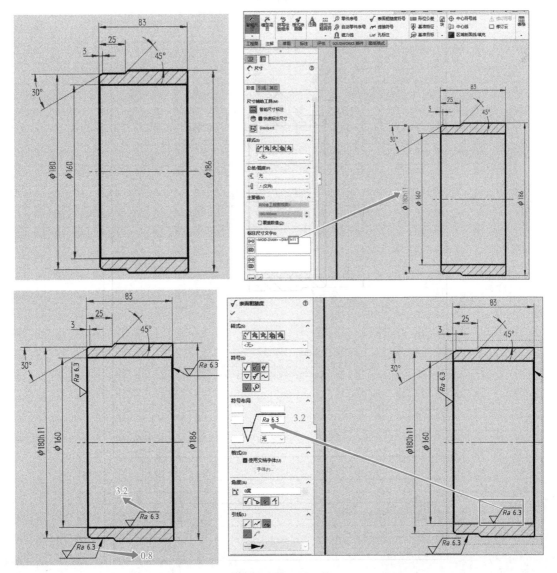

图 4-21　剩余的尺寸标注

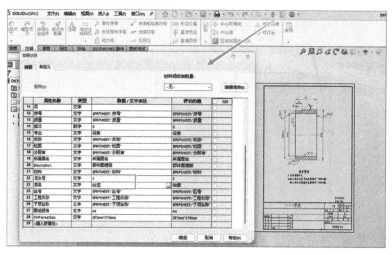

图 4-22 明细栏属性修改

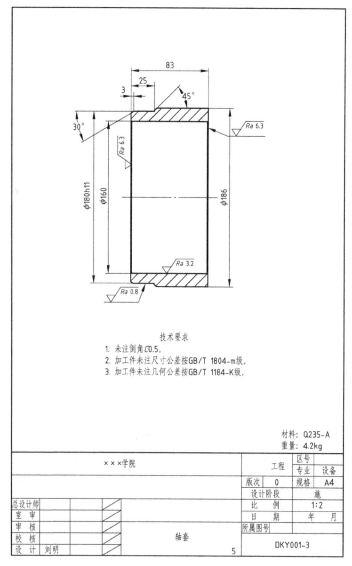

技术要求
1. 未注倒角C0.5。
2. 加工件未注尺寸公差按GB/T 1804-m级。
3. 加工件未注几何公差按GB/T 1184-K级。

材料：Q235-A
重量：4.2kg

图 4-23 打印预览图

习　题

根据图 4-24 所示要求进行三维建模并转化成工程图。

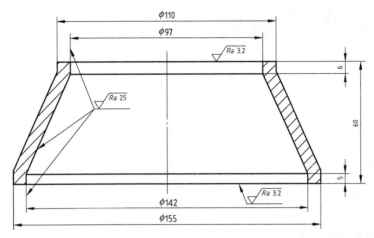

图 4-24　轴套设计图（材料为 Q235-A）

情景 **5**

从动轮车轮设计

操作技能点

草图绘制、旋转实体特征、锥度、圆角特征、键槽、镜像实体。

◇◆5.1　车轮的设计图

　　从动轮车轮是比较容易损坏的部件，材料一般为 60、65Mn、42CrMo。根据行车的使用特点，要求车轮踏面有较高的硬度，并且有一定的淬硬层深度和过渡层（深度 >10mm，硬度为 40～48HRC），以提高承载能力、耐磨性和抗接触疲劳的性能。同时，要求其基体组织要有良好的综合力学性能和良好的组织状态，硬度应达 187～229HBW，使之具有高的韧性，提高抗冲击性能和抗开裂性能。车轮的设计图如图 5-1 所示。

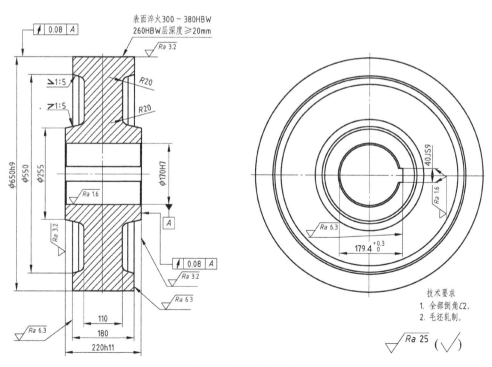

图 5-1　车轮的设计图

◇•5.2　草图绘制

启动软件后，单击"文件"→"新建"，弹出图 5-2 所示对话框。

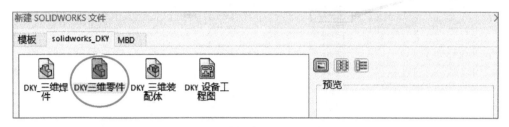

图 5-2　"新建文件"对话框

默认材料是 Q235-A，也可以修改材料。右击"Q235-A"，弹出图 5-3 所示菜单。

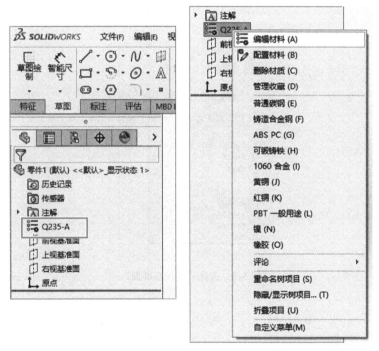

图 5-3　修改材料

选择"编辑材料"出现图 5-4 所示对话框，在对话框中选择需要的材料，则会显示材料的属性，单击"应用"，再单击"关闭"退出对话框。选择"前视基准面"进行草图绘制，如图 5-5 所示。

如图 5-6 所示，绘制纵向和横向（见图 5-7）两条中心线和一半图形。在两条斜线上标注直角三角形，两条直角边分别为 1mm 和 5mm，则斜度为 1：5。

根据图 5-1 所示标注草图尺寸，均按照对称尺寸的标注方法，如图 5-7 所示。

选中所有草图实线，在"草图"选项中选择"镜向实体"，镜像轴选择纵向中心线，于是将已经绘制的实线草图相对纵向中心线镜像，形成一个闭环，如图 5-8 所示。

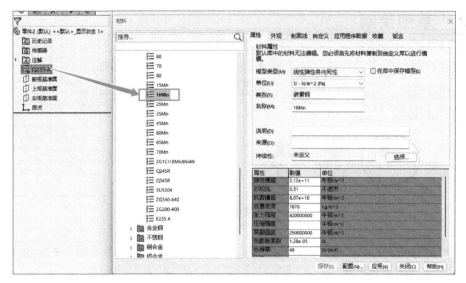

图 5-4　"材料"对话框

图 5-5　选择"前视基准面"

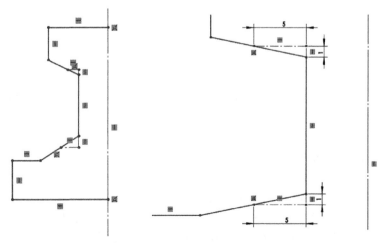

图 5-6　草图轮廓

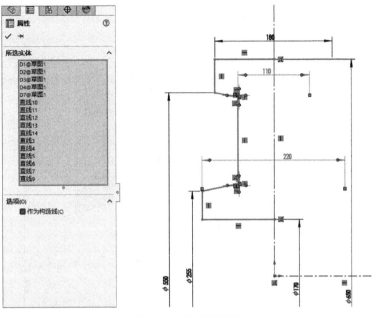

图 5-7　标注对称尺寸

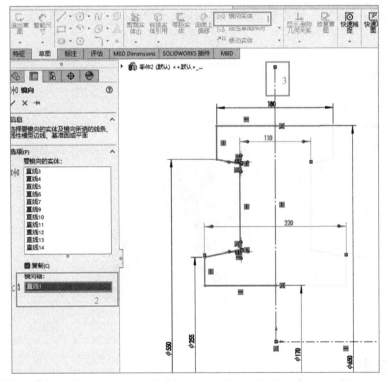

图 5-8　草图镜像

◆ 5.3　旋转特征

在"特征"选项中选择"旋转凸台"，如图 5-9 所示，旋转轴没有自动选中，其原因是草图中有两条中心线，因此需要人工选择，选择水平中心线，则三维模型预览出来。

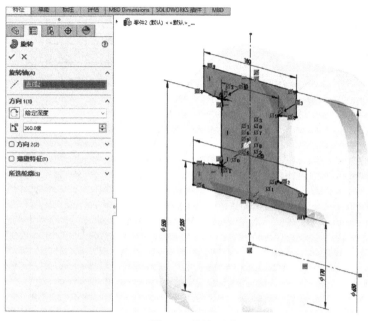

图 5-9　旋转图形

对内圈倒圆，"圆角"操作后选择两个内面，按照图 5-10 所示四步进行操作，圆角半径为 20mm。

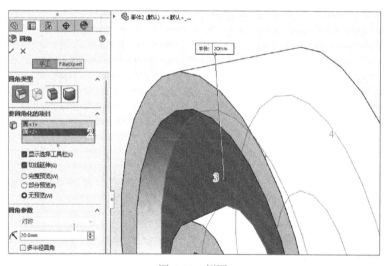

图 5-10　倒圆

◆ 5.4　键槽

选中轮毂端面作为草绘面，如图 5-11 所示，在弹出的快捷菜单中选择"草图绘制"。选择长方形进行绘制，如图 5-12 所示。

添加约束时，让原点位于右侧边的中点，选中原点，按住 <Ctrl> 键再选中左侧直线，添加几何关系"中点"。当然也可以先选择左侧直线再选中坐标原点，没有先后顺序要求，如图 5-13 所示。

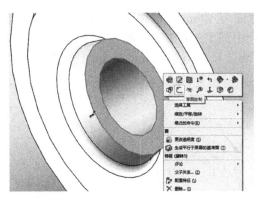

图 5-11　选择草绘平面

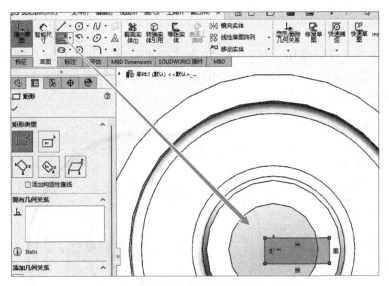

图 5-12　草绘键槽

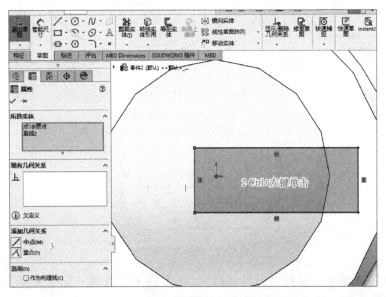

图 5-13　中点约束

尺寸约束时，键槽宽度为 40mm，键槽深度的常规标注习惯是标到圆的最远端。因此，如图 5-14 所示，先选中圆 1，再选中右侧直线 2，没有先后顺序要求。默认的尺寸是圆的圆心到直线的距离。修改尺寸为 179.4mm，如图 5-15 所示。

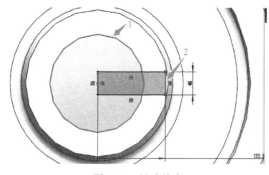

图 5-14　尺寸约束

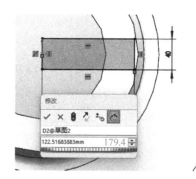

图 5-15　尺寸修改

按照图 5-16 所示进行操作，第一步，单击"尺寸"；第二步，在最左侧的属性菜单中，选择"引线"；第三步，在"圆弧条件"中选择"最大"。尺寸变大后，再双击，将尺寸修改为 179.4mm，如图 5-17 所示。

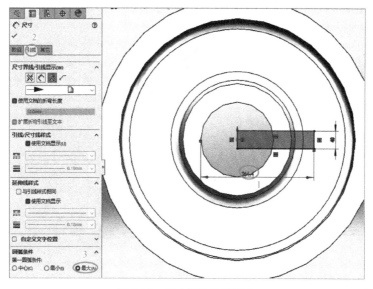

图 5-16　尺寸标注位置修改

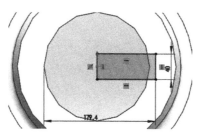

图 5-17　最终尺寸修改

在"特征"选项中，选择"拉伸切除"，在方向 1 中选择"完全贯穿"，按照图 5-18 所示的顺序进行操作，便可预览到键槽已被贯穿。

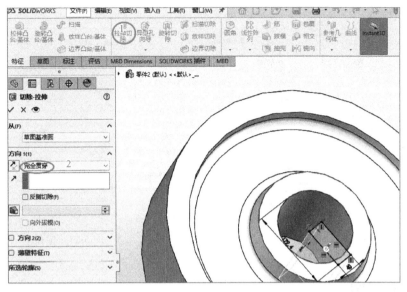

图 5-18 键槽拉伸切除

◇◆ 5.5 倒角特征

如图 5-19 所示，在"特征"选项的"圆角"子菜单中选择"倒角"，倒角大小为 2mm，默认为 45°，单击要倒角的项目，选择车轮内孔两条边，单击 ✓ 退出。

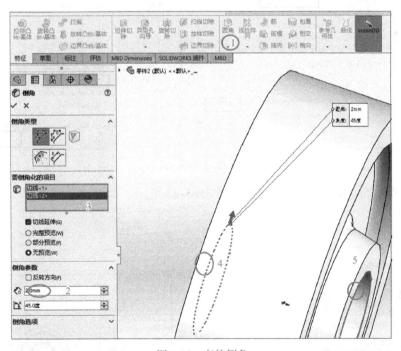

图 5-19 车轮倒角

设置零件属性，图号设为 DKY001-4，其余参数按图 5-20 所示进行设置。然后保存为 DKY001-4，如图 5-21 所示。

	属性名称	类型	数值/文字表达	评估的值	
1	图号	文字	DKY001-4	DKY001-4	
2	名称	文字	车轮	车轮	
3	流水号	数字	6	0	
4	设计	文字	刘明	刘明	
5	校核	文字			
6	审核	文字			
7	宣审	文字			
8	总设计师	文字			
9	工程号	文字			
10	材料	文字	"SW-材质@DKY001-4.SLDPRT"	16Mn	
11	质量	文字	"SW-质量@DKY001-4.SLDPRT"	352.7	
12	规格	文字	--	--	
13	年	文字			
14	月	文字			
15	设计阶段	文字	施	施	
16	<键入新属性>				

图 5-20　设置零件属性　　　　　　　　　　　图 5-21　保存

◆ 5.6　工程图

从动轮车轮工程图选择零件 A3 图纸格式，图纸比例调整为 1∶10，如图 5-22 所示。

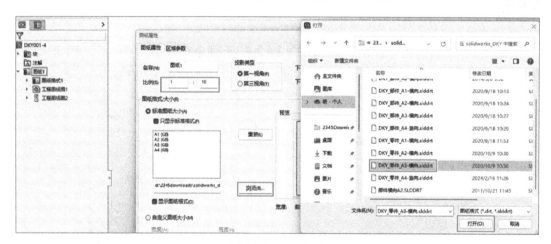

图 5-22　图纸设置

投影视图选择生成主视图和左视图，如图 5-23 所示。

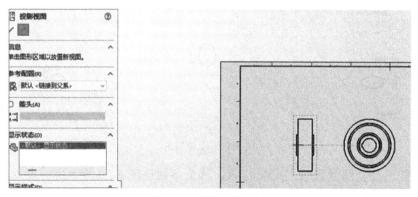

图 5-23　投影视图选择

在导入主视图和左视图时，主视图自动添加了中心线，但是左视图没有添加中心线，因此需要手动添加圆的中心线。根据图 5-24 进行添加圆的中心线，首先在"注释"选项中选择"中心符号线"，"手工插入选项"中的第一个图形🎯表示单一中心符号线；第二个图形🎯表示线性中心符号线，即为线性阵列的圆孔添加中心线；第三个图形🎯表示圆形中心符号线，即为圆周阵列的圆孔添加中心线。

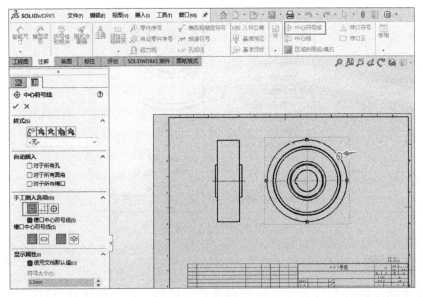

图 5-24　添加圆的中心线

5.6.1　剖视图

如图 5-25 所示，首先在主视图上草绘一个封闭图形，由于这里是全剖图，所以草绘图形要覆盖整个图，这里选择矩形进行覆盖。在"草图"选项中选择"矩形"，对角两点就可以确定矩形。这里的草图与零件三维模型中的绘制不同点在于，这里的图形不需要严格的约束条件，尺寸和几何约束都不需要，因为它会随着视图移动，因此不需要严格定位。

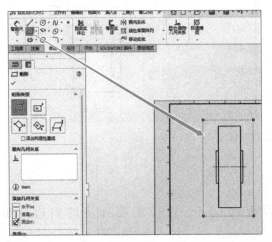
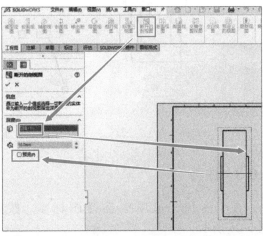

图 5-25　全剖图

在图 5-25 中"矩形"图形还被选中的情况下，在"工程图"选项中选中"断开的剖视图"图标，光标选中"深度"，然后选择能体现圆周的纵向边线，勾选"预览"，这样就显示全剖面了。剖面线的样式与零件的材料相关，系统中已经将不同材料使用的不同剖面线进行预先设置，必要时也可以修改。

如图 5-26 所示，右击主视图，在快捷菜单中选择"切边"→"切边不可见"，此时主视图的切边就不再显示。

图 5-26　切边不可见

5.6.2　尺寸标注

车轮尺寸标注如图 5-27 所示。由于内孔开了键槽，尺寸标注直径时就没有 ϕ，只能按照图中设置添加。

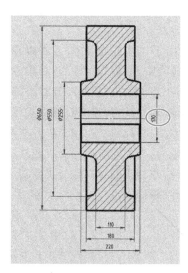
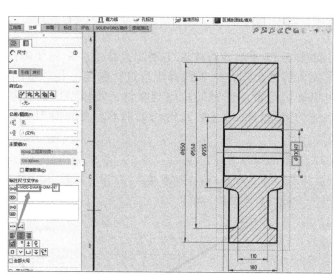

图 5-27　车轮尺寸标注

5.6.3　注释

在"注释"选项中选择图标，然后输入 1 : 5，选择需要标注的斜边，如图 5-28 所示。

同时，添加表面硬度要求，如图 5-29 所示。然后单击"保存"，如图 5-30 所示。

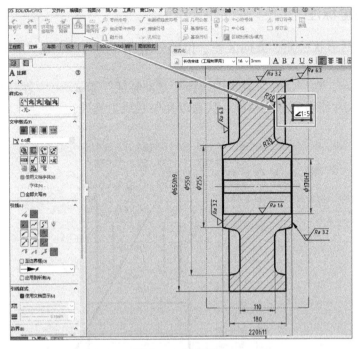

图 5-28 锥度标注

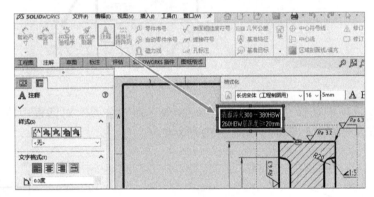

图 5-29 表面硬度要求

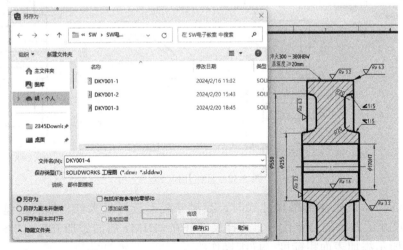

图 5-30 保存

5.6.4 几何公差标注

几何公差包括形状公差、方向公差、位置公差和跳动公差，是几何误差的允许变动范围。

如图 5-31 所示，在"注释"选项中选择"基准特征" 基准特征，在孔直径对应处，添加基准 A。直径尺寸线对齐标注基准，代表以孔中心线为基准。

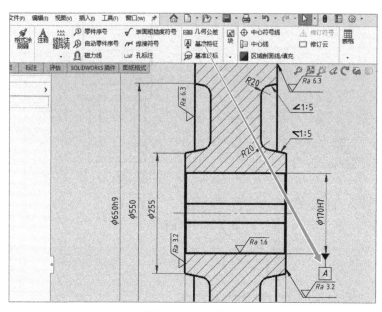

图 5-31　标注基准

在"注释"选项中选择"几何公差" 几何公差，在"公差"对话框中输入 0.08，然后单击"添加基准"，输入 A 即可，如图 5-32 所示。

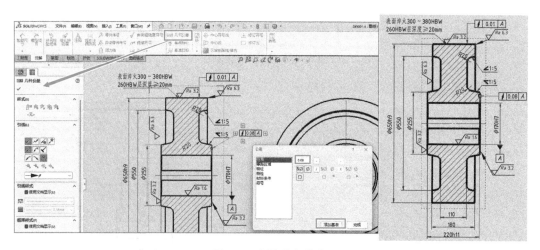

图 5-32　标注几何公差

如图 5-33 所示，标注键槽尺寸线时，在尺寸线上选择最大处，然后公差/精度选择"双边"。在尺寸后面添加公差代号，选择尺寸并在 <DIM> 后面添加 JS9，如图 5-34 所示。按照图 5-35 所示添加表面粗糙度，详细操作略。

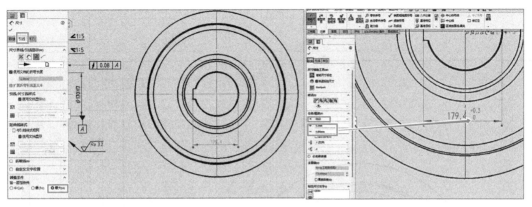

图 5-33　标注尺寸公差

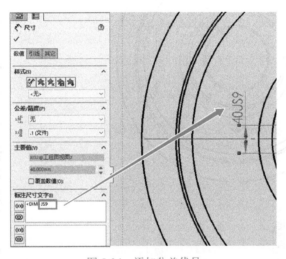

图 5-34　添加公差代号

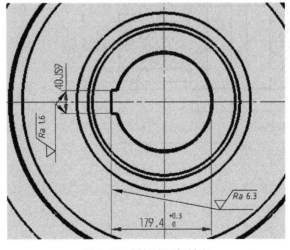

图 5-35　添加表面粗糙度

5.6.5　输出图样

最后输出图样，车轮预览图如图 5-36 所示。

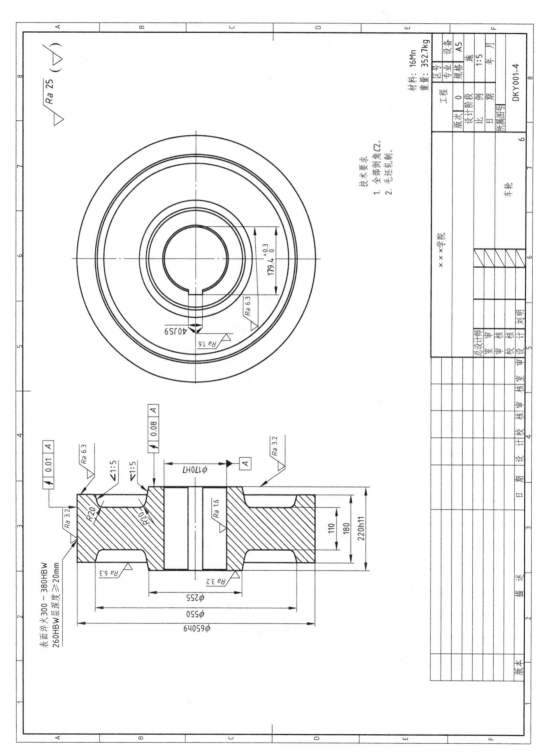

图 5-36 车轮预览图

习　题

1. 根据图 5-37 所示要求进行三维建模并转化成工程图。

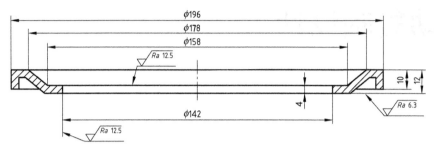

图 5-37　垫圈设计图（材料为 Q235–A）

2. 根据图 5-38 所示要求进行三维建模并转化成工程图。

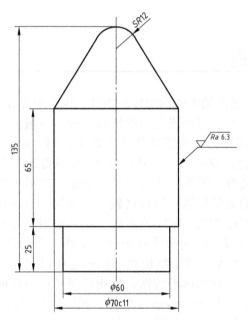

图 5-38　定位销设计图（材料为 Q235–A）

从动轮轴设计

操作技能点

草图绘制、旋转实体特征、退刀槽、倒角、键槽、螺纹装饰、尺寸、几何公差、剖视图。

◆ 6.1　轴的设计图

轴是穿在轴承、车轮或齿轮中间的圆柱形物件，也有少部分是方形的。轴是支承零件并与之一起回转以传递运动、转矩或弯矩的机械零件，一般为金属圆杆状，各段可以有不同的直径。机器中做回转运动的零件就装在轴上。35、45、50 等优质碳素结构钢因具有较高的综合力学性能，应用较多，其中以 45 钢用得最为广泛。为了改善其力学性能，应进行正火或调质处理。不重要或受力较小的轴，则可采用 Q235、Q275 等碳素结构钢。合金钢具有较高的力学性能，但价格较贵，多用于有特殊要求的轴，如采用滑动轴承的高速轴，常用 20Cr、20CrMnTi 等低碳合金结构钢，经渗碳淬火后可提高轴颈耐磨性；电动机转子轴在高温、高速和重载条件下工作，必须具有良好的高温力学性能，常采用 40CrNi、38CrMoAlA 等合金结构钢。轴的毛坯以锻件优先，其次是圆钢；尺寸较大或结构复杂者可考虑铸钢或球墨铸铁，如用球墨铸铁制造曲轴、凸轮轴，具有成本低廉、吸振性较好、对应力集中的敏感性较低、强度较好等优点。轴的力学模型是梁，多数要转动，因此其应力通常是对称循环。其可能的失效形式有疲劳断裂、过载断裂及弹性变形过大等。轴上通常要安装一些带轮毂的零件，因此大多数轴应做成阶梯状，切削加工量大。

轴的设计图如图 6-1 所示。

◆ 6.2　轴的结构设计

轴的结构设计是确定轴的合理外形和全部结构尺寸，为设计轴的重要步骤。它与轴上安装零件类型、尺寸及其位置，零件的固定方式，载荷的性质、方向、大小及分布情况，轴承的类型与尺寸，轴的毛坯、制造和装配工艺、安装及运输，轴的变形等因素有关。轴及轴上零件结构示意图如图 6-2 所示。

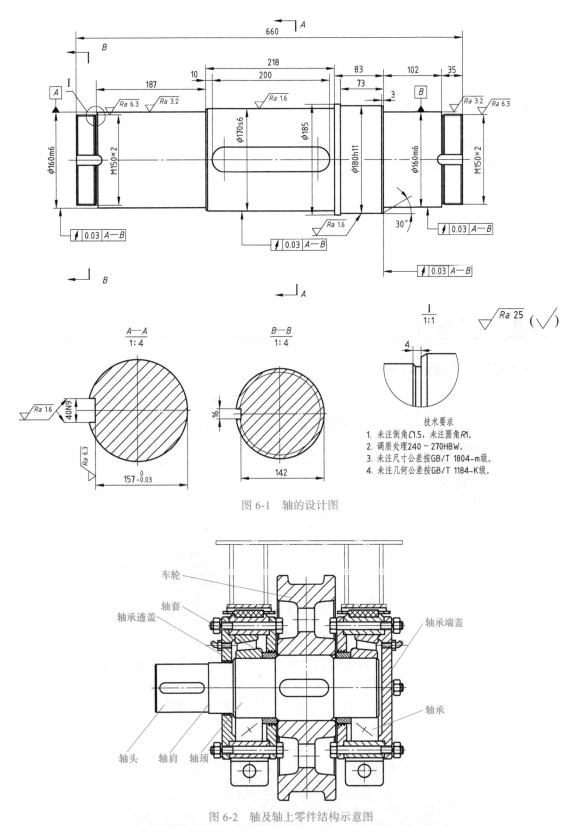

图 6-1 轴的设计图

技术要求
1. 未注倒角C1.5, 未注圆角R1。
2. 调质处理240 ~ 270HBW。
3. 未注尺寸公差按GB/T 1804-m级。
4. 未注几何公差按GB/T 1184-K级。

图 6-2 轴及轴上零件结构示意图

设计者可根据轴的具体要求进行设计, 必要时可做几个方案进行比较, 以便选出设计方案，一般轴结构设计原则如下：

① 节约材料，减轻重量，尽量采用等强度外形尺寸或大截面系数的截面形状。

② 易于轴上零件精确定位、稳固、装配、拆卸和调整。

③ 采用各种减少应力集中和提高强度的结构措施。

④ 便于加工制造和保证精度。

常见的轴根据其结构形状可分为曲轴、直轴、软轴、实心轴、空心轴、刚性轴及挠性轴（软轴）。直轴又可分为转轴、心轴和传动轴。

1）转轴：工作时既承受弯矩又承受转矩，是机械中最常见的轴，如各种减速器中的轴等。

2）心轴：用来支承转动零件，只承受弯矩而不传递转矩。有些心轴转动，如铁路车辆的轴等；有些心轴则不转动，如支承滑轮的轴等。

3）传动轴：主要用来传递转矩而不承受弯矩，如起重机移动机构中的长光轴及汽车的驱动轴等。轴的材料主要采用碳素钢或合金钢，也可采用球墨铸铁或合金铸铁等。轴的工作能力一般取决于强度和刚度，转速高时还取决于振动稳定性。

6.3 草图绘制

轴的材料设置如图 6-3 所示。

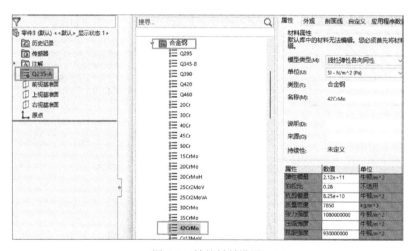

图 6-3 轴的材料设置

首先，采用直线绘制图 6-4 所示的轴轮廓线，左侧端点与系统坐标原点重合，同时添加中心线，使其比实线略长以便于后续的选中，或者中心线反向到左侧也可以，更加一目了然。在绘制轮廓线时，线段会自动添加水平或垂直约束，如果没有添加，则后续人工添加。

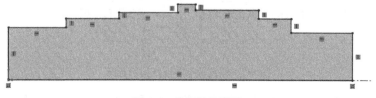

图 6-4 绘制轴轮廓线

其次，添加约束，因轴的两端直径相同，因此应共线（按相同尺寸只能出现一次的原则），如图 6-5 所示，选中线 1 和线 2，添加几何关系"共线"，这样两端轴只需要标注一个尺寸约束即可。同理，按照图 6-6 所示使轴承支撑面（安装段）也共线。

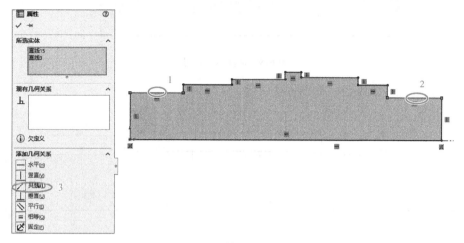

图 6-5 轴两端共线

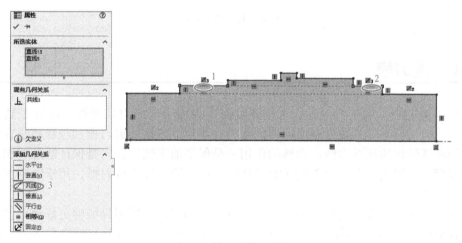

图 6-6 轴承支撑面共线

由于轴的阶梯太多，尺寸标注不当会使得图形扭曲严重，同时软件会以标注的第一个尺寸作为基准计算后续的尺寸，因此确定轴的最大尺寸是比较好的一种方式。如图 6-7 所示，先标注轴的最大长度 660mm。

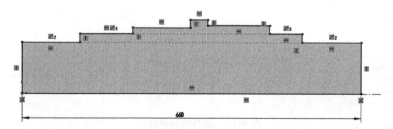

图 6-7 标注最大尺寸

然后按照从右到左的顺序依次标注尺寸，如图 6-8 所示。

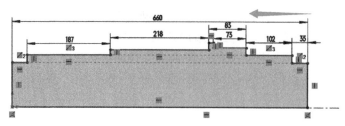

图 6-8　标注水平尺寸

接下来就标注各段直径，如图 6-9 所示。

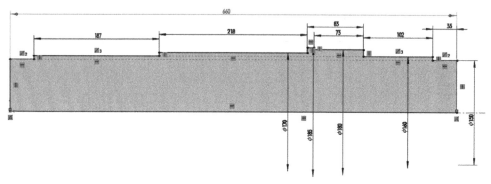

图 6-9　标注阶梯直径

◇◆ 6.4　退刀槽

在车床加工中，如车削内孔、车削螺纹时，为便于退出刀具并将工序加工到毛坯底部，常在待加工面末端，预先制出退刀的空槽，称为退刀槽。退刀槽和越程槽是在轴的根部和孔的底部做出的环形沟槽。沟槽的作用一是保证加工到位，二是保证装配时相邻零件的端面靠紧。一般用于车削加工的（如车外圆，镗孔等）称为退刀槽，用于磨削加工的称为砂轮越程槽。

轴的退刀槽，一方面是便于退刀，另一方面就是考虑锁紧螺母能够更好地贴紧轴承内圈，更好地固定，防止轴向窜动。退刀槽的截面图如图 6-10 所示，草绘平面选择前视基准面。

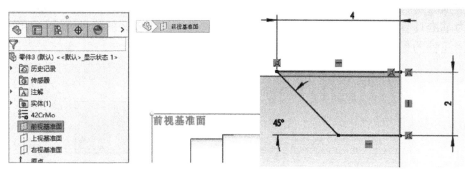

图 6-10　退刀槽的截面图

在草图中，过坐标原点添加中心线，以此作为旋转切除的回转轴，退刀槽旋转切除如图 6-11 所示。

图 6-11 退刀槽旋转切除

❖❖ 6.5 键槽

键槽是指在轴上或孔内加工出一条与键相配的槽，用来安装键，以传递转矩。键槽的加工会削弱轴的强度，因此设计时应保证足够的安全系数。此外，为了便于铣削加工，一般会让所有键槽在轴的同一条母线上，这样容易实现一次加工，提高加工效率。

1）键槽一（止动垫圈处）：键槽一在轴端上，属于开口型键槽，是锁紧螺母的止动垫圈专用键槽。选择"上视基准面"进行草图绘制，如图 6-12a 所示。如图 6-12b 所示，在"草图"选项中选择"槽口"，默认设置，选择两条边线的中点（2 和 3）放置槽口的两个圆心。此时，槽口的宽度还没有确定，按照图 6-13 所示标注宽度尺寸为 16mm，这样键槽草绘图就完全约束。

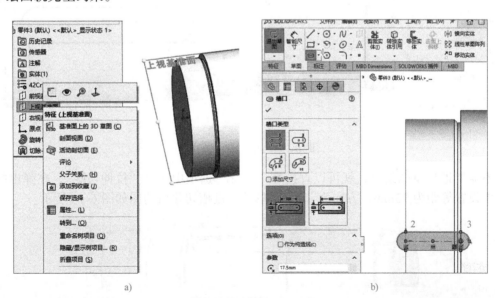

a)   b)

图 6-12 键槽一草图绘制

　　不需要退出草图绘制，就可以直接在"特征"选项中选择"拉伸切除"，在弹出的属性框中设置图 6-14 所示参数，设置等距为 67mm，体现的是草绘平面（上视基准面）到键槽底的尺寸。

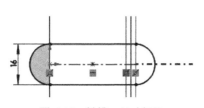

图 6-13　键槽一尺寸标注

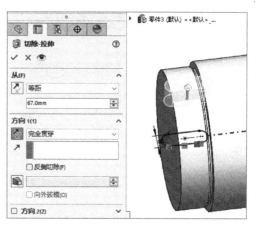

图 6-14　键槽一拉伸切除

　　2）键槽二（车轮处）：键槽二承担着从动轮整个转矩的传递，键槽会削弱轴的性能。键槽二的绘制也是和键槽一一样，选择"上视基准面"进行草图绘制，添加槽口，标注尺寸，如图 6-15 所示，键槽到最边上为 10mm，键槽长度为 200mm，宽度为 40mm。

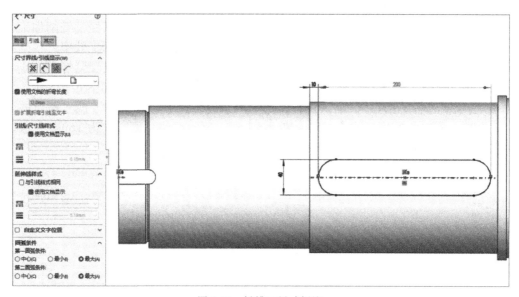

图 6-15　键槽二尺寸标注

　　不需要退出草图绘制，就可以直接在"特征"选项中选择"拉伸切除"，在弹出的属性框中设置等距为 72mm，方向为"完全贯穿"，键槽切除后的图如图 6-16 所示。

图 6-16　键槽切除后的图

◆ 6.6 倒角与圆角特性

在"特征"选项的"圆角"下拉菜单中选择"倒角",如图 6-17 所示。

图 6-17 选择"倒角"

分别按照图 6-18 和图 6-19 所示进行倒角,分别是 $C1.5$ 和 $C3$。

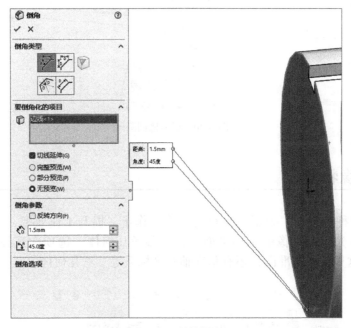

图 6-18 轴端倒角

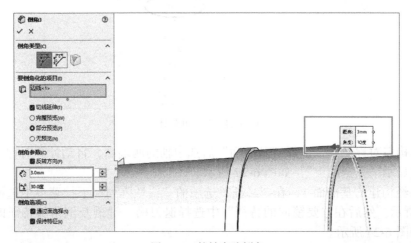

图 6-19 轮轴台阶倒角

在前述的退刀槽设计过程中没有对内槽进行倒圆，因此这里按照图 6-20 所示进行设计，只设计一侧，另外一侧可通过镜像特征实现。

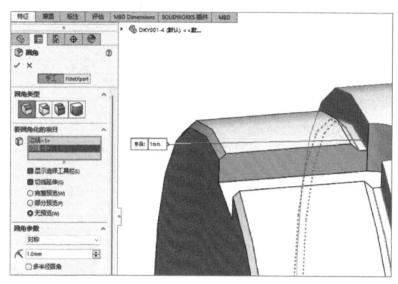

图 6-20　退刀槽倒圆

6.7　镜像特征

对于有些对称的特征，为了减少重复操作工作量，提升工作效率，往往通过镜像方式进行设计。首先确定镜像的对称平面，在"参考几何体"选项中选择"基准面"，如图 6-21 所示。这里除了基准面，还有基准轴及坐标系等参考几何体。

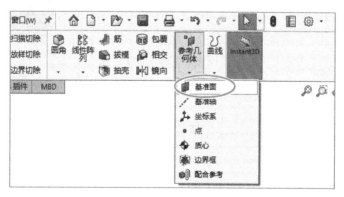

图 6-21　参考几何体

接下来构造对称平面，选择"基准面"后选中轴的两端面，自动计算对称面，信息处变绿色，并显示"完全约束"，如图 6-22 所示。

选中已经构建的基准面 1，在"特征"选项的"线性阵列"下拉菜单中选择"镜向"，如图 6-23 所示。然后在"要镜向的特征"中选择退刀槽、键槽及倒角等特征即可实现特征镜像，如图 6-24 所示。

最后按照图 6-25 所示进行属性设置，按照图 6-26 所示保存。

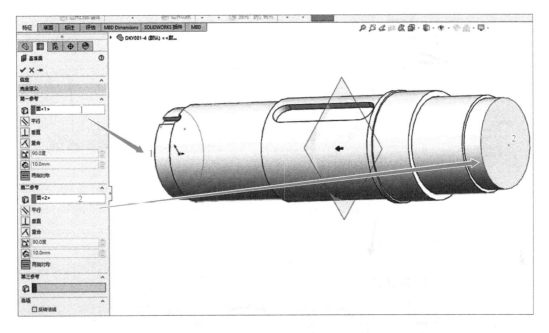

图 6-22　构造对称平面

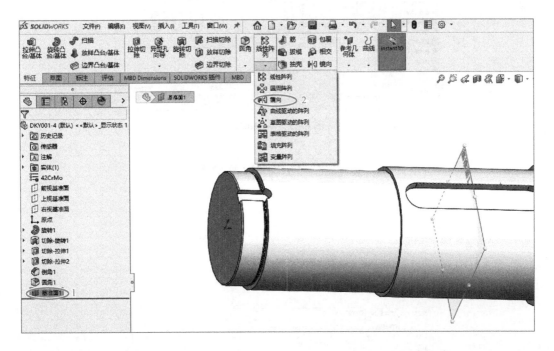

图 6-23　镜像操作

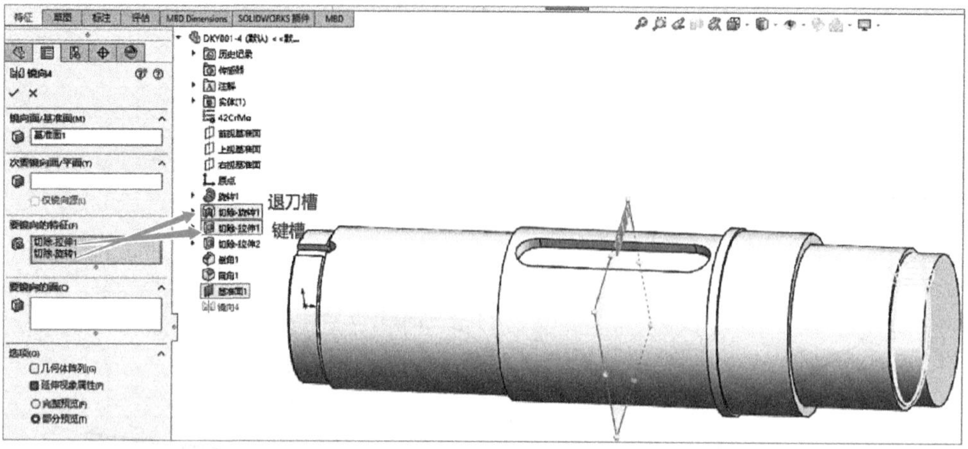

图 6-24　特征镜像

图 6-25　零件属性

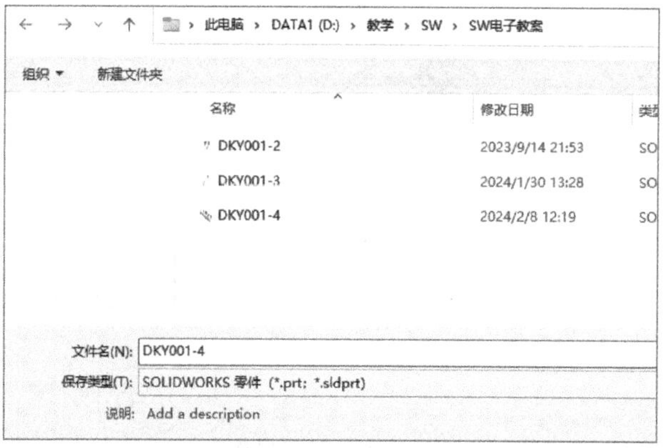

图 6-26　轴保存

◈◆ 6.8　工程图

6.8.1　调整主视图

新建工程图时，选择 A3 图纸格式。将建好的
轴零件直接导入工程图中，如图 6-27 所示。

图 6-27 所示主视图不便于体现键槽，因此可
以制作一个俯视图，再删除主视图。如图 6-28 所
示，在"工程图"选项中选择"投影视图"产生俯
视图，正好展现键槽轮廓。然后删除原有主视图，
这时俯视图自然变成主视图。

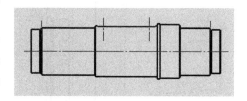

图 6-27　轴主视图（键槽不可见）

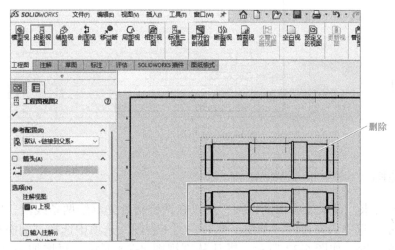

图 6-28　投影视图

6.8.2　图纸比例

调整图纸比例时，右击"图纸 1"，在弹出的快捷菜单中选择"属性"，调整比例为
1：2，如图 6-29 所示。如果图形没有变化，单击主视图，在工程视图中比例栏中选择
"使用图纸比例"，图形变大而且超出图框范围，如图 6-30 所示。若按照标准比例调整，
当比例设置为 1：2 时，二维零件图过大，当比例设置为 1：5 时，二维零件图又过小，因
此选用非标比例 1：3。

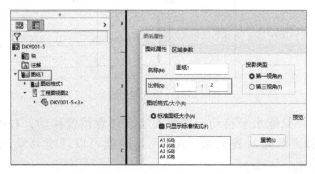

图 6-29　设置比例

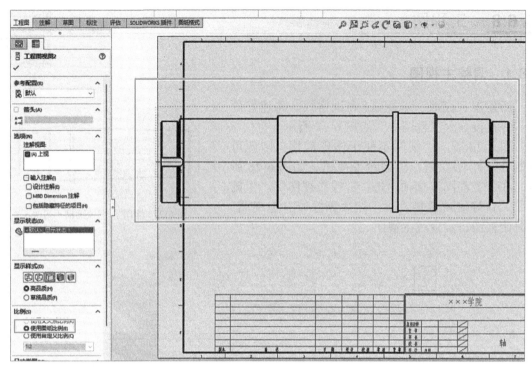

图 6-30　使用图纸比例

6.8.3　剖视图

按照图样要求，键槽处应作剖视图，所以在两键槽处先草绘两条线段，用于剖切线，如图 6-31 所示。选中最左边的一条线，然后在"工程图"选项中选择"剖面视图"，在轴端处选择放置位置，如图 6-32 所示，默认从剖视图 A—A 开始，每增加一个剖视图，字母顺应变化。

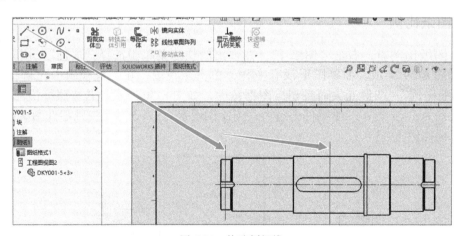

图 6-31　构造剖切线

现在剖视图 A—A 只能水平移动，如果要实现任意位置移动，右击剖视图 A—A，在"视图对齐"中选择"解除对齐关系（A）"，这时就可以任意移动剖视图 A—A 了，如图 6-33 所示。

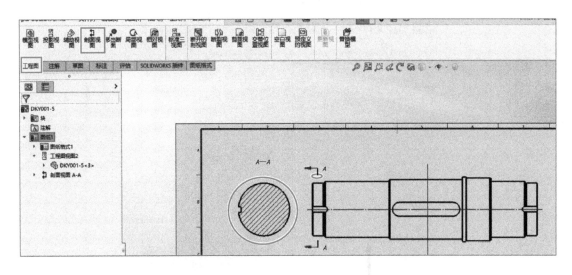

图 6-32 放置剖视图

此时，剖视图的外圆上没有出现螺纹线，其原因是在三维模型中漏了螺纹线。先将轴的三维模型打开，如图 6-34 所示，单击剖视图 A—A，或者主视图，再打开零件。

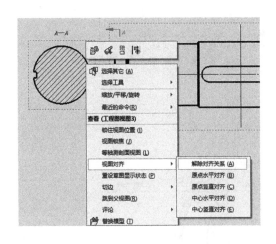

图 6-33 移动剖视图

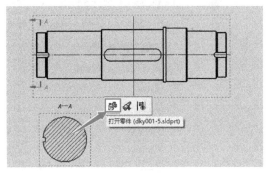

图 6-34 由工程图打开零件图

6.8.4 设计顺序的修改

打开三维零件图后，在设计树中将最后一条线的位置进行调整，如图 6-35 所示。

将光标放在图 6-35 中的红色箭头处，会显示一个"小手"，然后拖动就可以调整位置。拖动到需要修改的位置后，被拖动的地方就会被"压缩"，在三维零件图上相应操作则不会显示。

添加螺纹线操作时，单击"插入"→"注释"→"装饰螺纹线"，如图 6-36 所示，然后选择需要装饰螺纹的轮廓，如果有标准就选择标准，没有标准就选择"无"，但是一定要输入相应参数，如图 6-37 所示。

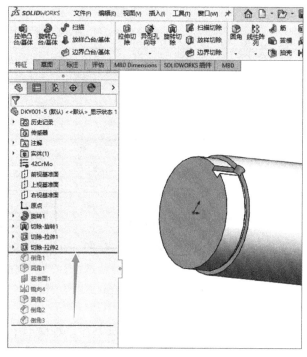

图 6-35　调整设计顺序

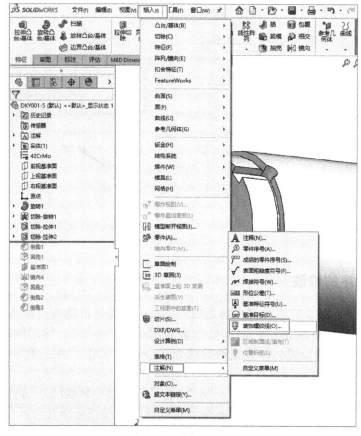

图 6-36　装饰螺纹线

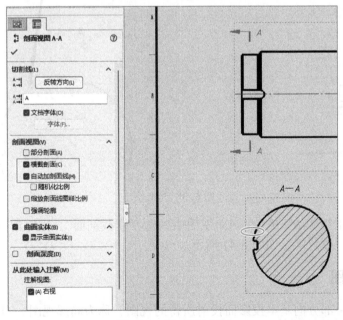

图 6-37　添加装饰螺纹线

同理，添加两边装饰螺纹线，将横线拖动到最后的特征，将"压缩"特征释放，回到原来的三维模型。单击"保存"回到工程图中，如图 6-38 所示，但是还是没有螺纹线。选中剖视图 *A—A*，切割线处选择"反转方向"后，同时在剖面视图中勾选"横截剖面"和"自动加剖面线"，确定后，螺纹线就显示了，如图 6-39 所示。

图 6-38　剖面参数设置

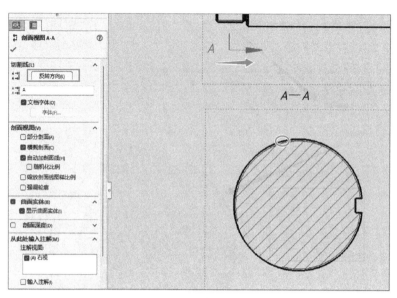

图 6-39　螺纹线

给剖视图 *A*—*A* 添加中心线时，按照图 6-40 所示进行设置，单击外圆自动添加中心线。

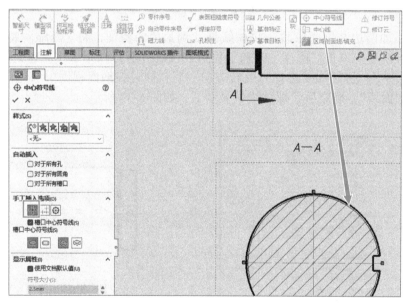

图 6-40　中心线

同理，添加剖视图 *B*—*B*，在剖面视图中勾选"横截剖面"，同时解除视图对齐关系，则可以将视图任意放置了，如图 6-41 所示。

6.8.5　局部视图

将机件的某一部分向基本投影面投射所得的视图，称为局部视图。当采用一定数量的基本视图表达机件后，机件上仍有尚未表达清楚的局部结构时，可以采用局部视图。一般采用局部放大的方式进行，将局部的细节展示出来，如图 6-42 所示。

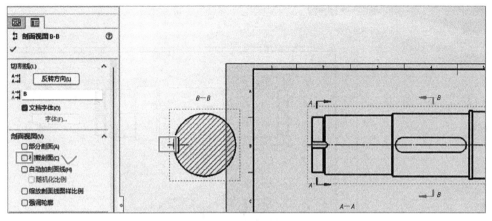

图 6-41　剖视图 *B*—*B* 设置

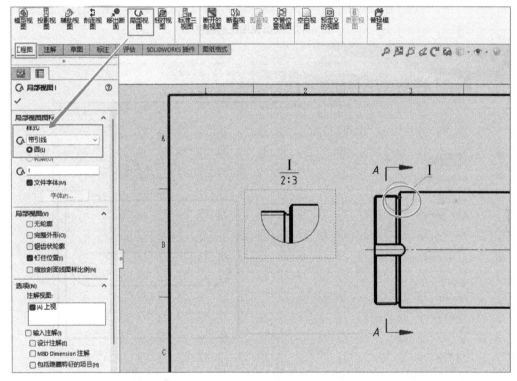

图 6-42　局部视图

　　局部视图的比例采用自定义形式，这样使得局部视图的比例不受主视图的限制，如图 6-43 所示。

6.8.6　尺寸标注

　　对设计图进行尺寸标注，这里着重讲一些设计中经常会遇到的关键点。尺寸中引线栏的圆弧条件，根据实际情况选择，有中心、最小、最大等组合。如键槽长度 200mm 就是最大 – 最大，离台阶的尺寸 10mm 为最小（因为只有一个半圆），如图 6-44 所示。

　　将直径改为螺纹形式，如图 6-45 所示，按图修改为 M150 × 2。

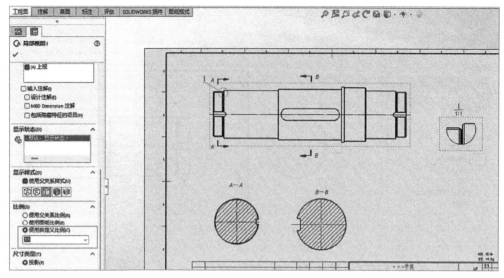

图 6-43　局部视图比例调整

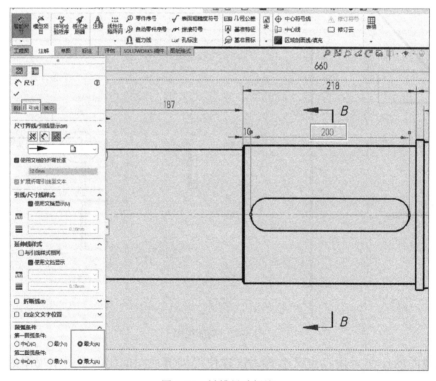

图 6-44　键槽尺寸标注

　　几何公差标注时，首先要添加基准 *A* 和 *B*，对齐尺寸 ϕ160m6，如图 6-46 所示，表示以中心线为基准，如果是在圆柱外轮廓上，则表示以外圆面为基准。同时按照图 6-47 所示标注几何公差，按照图 6-48 所示标注键槽的尺寸公差。

6.8.7　输出图样

　　采用 PDF 虚拟打印机打印图纸，如图 6-49 所示，流水号为 7，同时保存文件。

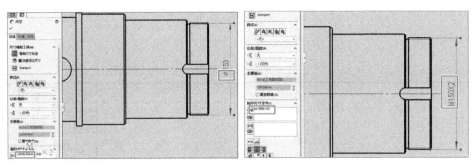

图 6-45 螺纹尺寸标注

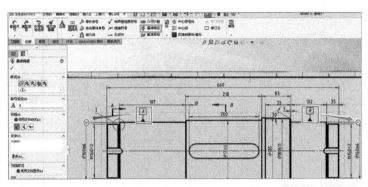

图 6-46 基准标注

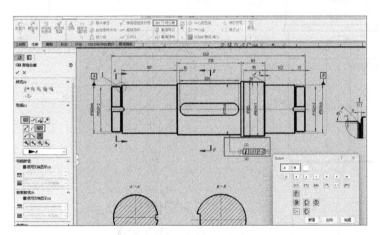

图 6-47 添加几何公差

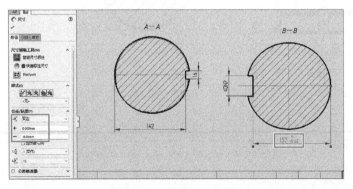

图 6-48 键槽尺寸公差

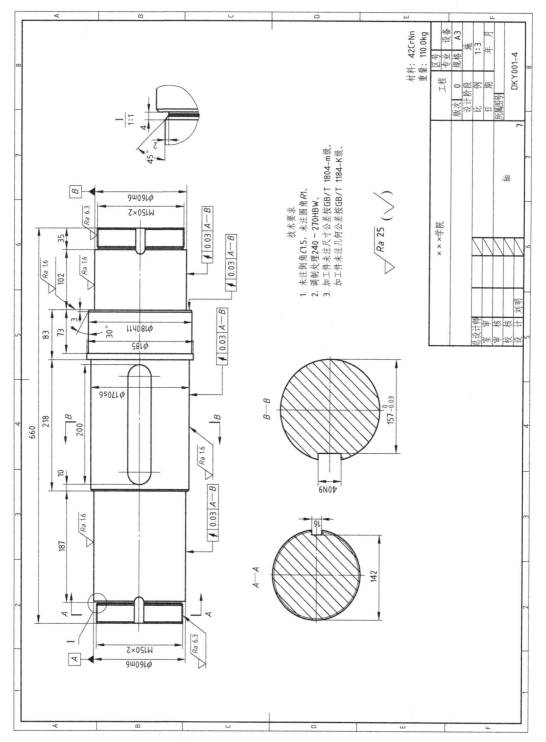

图 6-49　轴预览图

习 题

1. 根据图 6-50 所示要求进行三维建模并转化成工程图。

技术要求：（1）调质处理 241～269HBW。（2）未注圆角 $R1$。（3）加工件未注尺寸公差按 GB/T 1804–m 级；加工件未注几何公差按 GB/T 1184–K 级。（4）材料：42CrMo；重量：49.0kg。

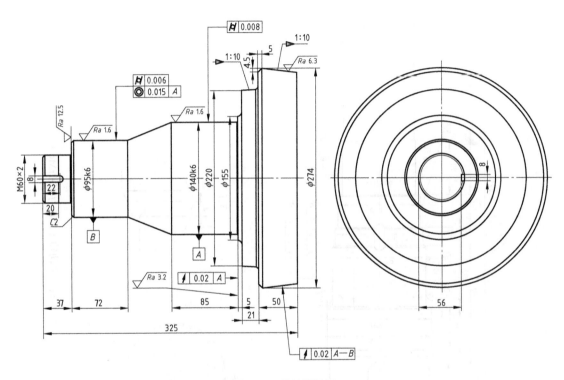

图 6-50　轮轴设计图

2. 根据图 6-51 所示要求进行三维建模并转化成工程图。

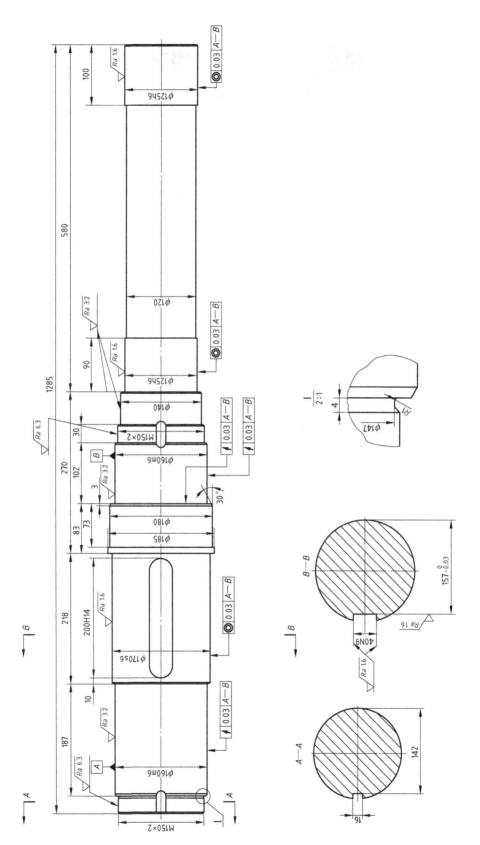

图 6-51　主动轴（材料为 40CrMo）

从动轮角型轴承座设计

操作技能点

草图绘制、拉伸实体、旋转实体特征、倒圆、螺纹孔、参考平面、参考轴、尺寸、几何公差、剖视图。

◇◆7.1　轴承座的类型

在机械设备中，轴承座作为支撑和固定轴承的关键部件，其类型多样，功能各异。轴承座是轴承的支撑结构，它固定轴承的外圈，使内圈能够自由转动，同时保持轴承的稳定性和平衡性。轴承座的设计需考虑载荷分布、密封性、安装便捷性等因素，以满足不同机械设备的需求。轴承座的类型主要有如下几种：

1. 剖分式轴承座

剖分式轴承座的特点是其上盖和底座可分离，便于安装和拆卸，具有良好的导热性和密封性，广泛应用于各类机械设备中。这种轴承座主要承受径向载荷，适用于圆柱孔和圆锥孔的调心滚子轴承和调心球轴承。常见的剖分式轴承座包括 SN 系列、SD 系列、SNU 系列、SNL 系列等。

2. 滑动轴承座

滑动轴承座通过轴瓦与轴承座的配合来支撑轴承。轴瓦的材质和形状对轴承的运转性能有重要影响。例如，高锡铝基轴瓦在装配时，需要确保轴瓦的外壁紧贴在轴承座的内壁上，以形成稳定的支撑结构。滑动轴承座适用于需要承受较大冲击载荷和振动载荷的场合。

3. 滚动轴承座

滚动轴承座是一种可以接受综合载荷的大型和特大型轴承座。其结构紧凑、回转灵敏、装置维护方便，适用于各种复杂工况。滚动轴承座的类型多样，包括四点接触球轴承座、双列推力角接触球轴承座等，广泛应用于航空航天、矿山机械等领域。

4. 带法兰的轴承座

带法兰的轴承座通过法兰盘与其他部件进行连接，具有良好的固定性和密封性。法兰盘上的孔眼和螺栓使轴承座能够牢固地安装在设备上，同时保证轴承的稳定运转。带法兰的轴承座广泛应用于管道连接、机械设备安装等场合。

5. 外球面轴承座

外球面轴承座将滚动轴承与轴承座结合在一起，形成一体化的轴承单元。其外径做成球面，与带有球状内孔的轴承座安装在一起，结构形式多样，通用性和互换性好。外球面轴承座具有双重结构的密封装置，可以在恶劣环境下工作，广泛应用于汽车、农机等领域。

6. 角型轴承座

角型轴承座是一种特殊类型的轴承座，其结构由内圈、外圈和滚子组成。内、外圈为同心的圆柱体，表面为锥面；滚子为圆锥形，在内、外圈的锥面上滚动，以承受径向和轴向载荷。角型轴承座可分为单向和双向两种型号，其中双向承受的轴向载荷能力较强。

角型轴承座在运转时，内、外圈之间受到一定的径向载荷和轴向载荷，滚动体随之运转，同时将负载分摊到整个轴承座上。这种结构使得角型轴承座具有承载能力强、运行平稳、寿命长的特点。此外，角型轴承座的结构简单，易于维护和更换，广泛应用于重型机床、矿山设备、钢铁冶金设备、石油机械等领域。

7.2 角型轴承座的设计图

角型轴承座的设计图如图 7-1 所示。

7.3 三维建模

启动软件后，选择"DKY 三维零件"，如图 7-2 所示。
将默认的材料 Q235-A 改为"ZG340-640"，如图 7-3 所示。

7.3.1 拉伸实体

前视基准面进行草绘，进入草绘平面后，添加两条中心线，绘制图 7-4 所示的两个矩形，并标注尺寸。

由于两个矩形尺寸相同，所以以几何约束为主补充剩余尺寸，如图 7-5 所示，此时，草图完全约束。选择"特征"选项中的"拉伸/凸台实体"，按照图 7-6 所示进行设置，为了保证图形关于草绘基准面对称，所以选择"两侧对称"。

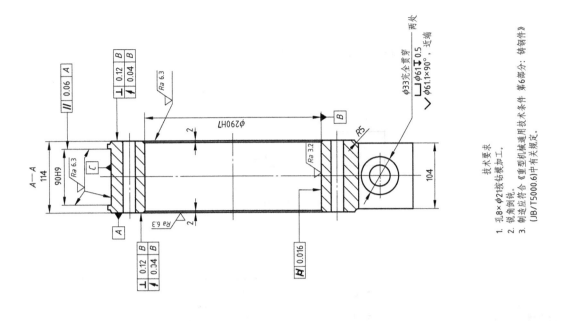

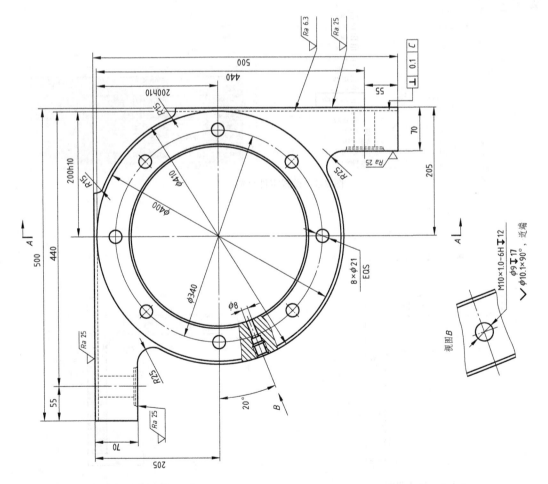

技术要求

1. 孔 8×φ21按转模加工。
2. 锐角倒钝。
3. 制造应符合《重型机械通用技术条件 第6部分：铸钢件》
（JB/T5000.6)中有关规定。

图 7-1　角型轴承座设计图

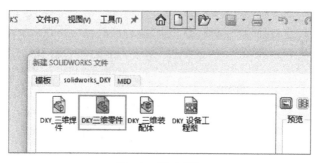

图 7-2 新建零件

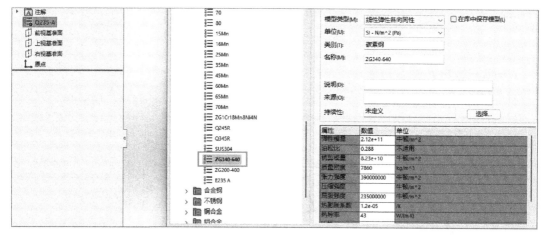

图 7-3 设置零件材料

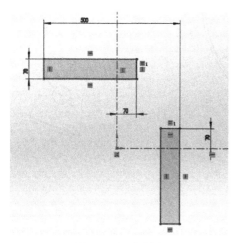

图 7-4 初绘草图

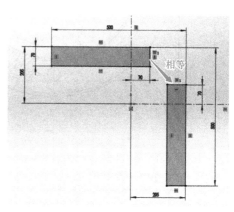

图 7-5 添加几何约束

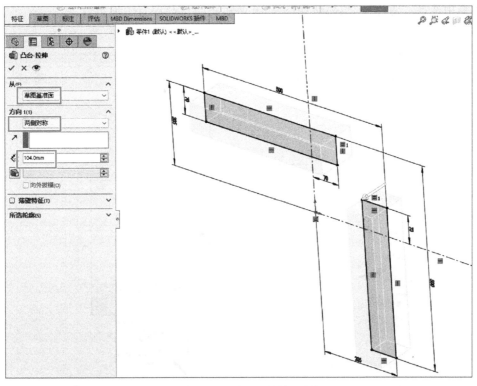

图 7-6 设置"凸台－拉伸"参数

7.3.2 旋转实体

选择"上视基准面"作为回转体草绘平面,如图 7-7 所示。选择"直线"草绘回转体轮廓,如图 7-8 所示,后续再进行几何约束和尺寸约束。

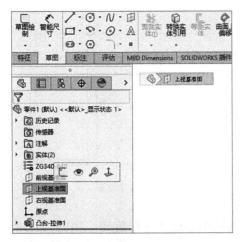

图 7-7 选择回转体草绘平面

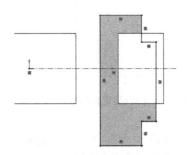

图 7-8 草绘回转体轮廓

按照图 7-9 所示进行几何约束,使纵向两条线共线,这意味着线 1 和线 2 相等;过坐标原点添加一条水平中心线（中心线 1），按下 <Ctrl> 键，然后连续选择 3 条线，在添加几何关系中选择"对称"，然后按照图 7-10 所示将凸台与现有图形重合。

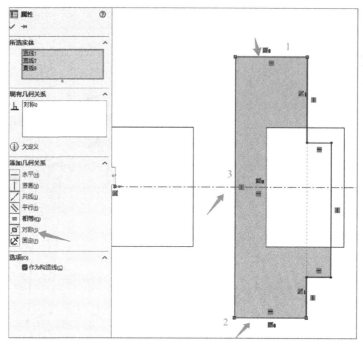

图 7-9　进行几何约束

过坐标原点添加垂直方向中心线（中心线 2），标注宽度和各直径尺寸，如图 7-11 所示，图形变黑色则表示完全约束。

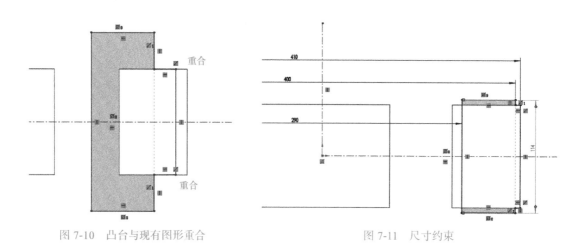

图 7-10　凸台与现有图形重合　　　　　　　　　　图 7-11　尺寸约束

在"特征"选项中选择"旋转"，此时需要选择中心线 2 进行旋转，如图 7-12 所示，特别注意需要"合并结果"。

分别倒圆 R15 和 R25，如图 7-13 所示。同时发现第一步的矩形与第二步的回转体合并后还多出一部分，此时可以采用拉伸切除的方式去掉多余的部分。

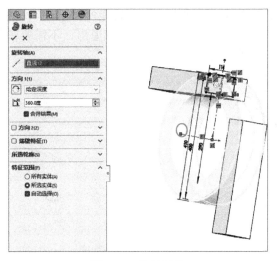

图 7-12 旋转实体

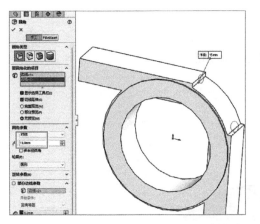 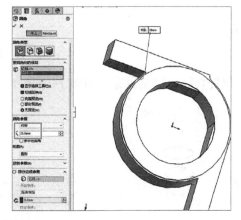

图 7-13 倒圆

选择轴承端面作为草图绘制基准面，进入草图界面，如图 7-14 所示。

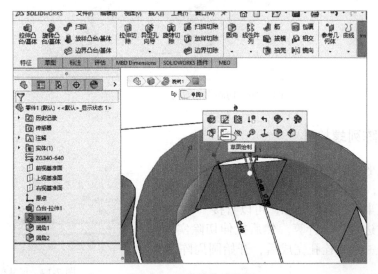

图 7-14 选择草绘基准面

如图 7-15 所示，在"草图"选项中选择"转换实体引用"，可以选择已有图形，使其轮廓转换成草图线条。然后选中内圆轮廓，单击 ✓ 退出，不需要额外的几何约束和尺寸约束，图形变成黑色表示完全约束。

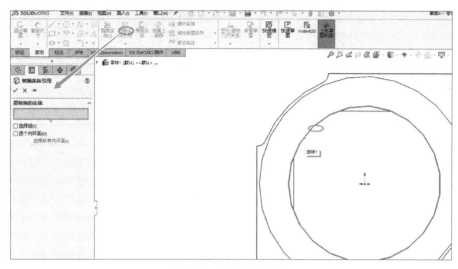

图 7-15　转换实体引用

拉伸切除，完全贯穿，如图 7-16 所示。

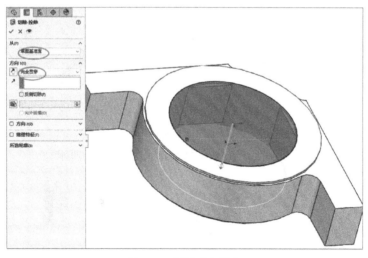

图 7-16　切除多余部分

7.3.3　圆周阵列螺栓孔

选择轴承座端面进行螺栓孔的草绘，如图 7-17 所示，绘制圆，圆心与坐标原点水平约束，直径为 $\phi21$mm，定位半径为 $R170$mm，可以直接"输入直径 /2"的方式进行自动计算。然后拉伸切除实体，完全贯穿。第一个螺栓孔完成后，开始圆周阵列 8 个孔。

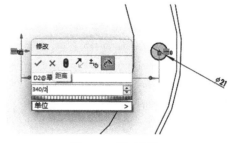

图 7-17　尺寸标注

单击"线性阵列"下方箭头，出现如图 7-18 所示的下拉菜单，包含线性阵列、圆周阵列、镜像等操作，这里选择"圆周阵列"。如图 7-19 所示，方向 1 选择内腔或者外圈，选择"等间距"，间距为 360°，实例为 8，特征选择前述螺栓孔，单击✅阵列完成。

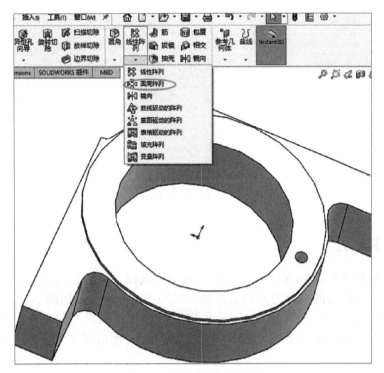

图 7-18　线性阵列下拉菜单

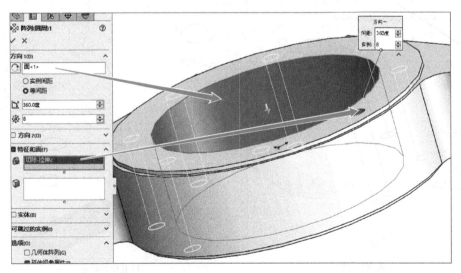

图 7-19　圆周阵列设置

选择矩形端面进行草绘，长宽为 90mm×10mm，拉伸切除，完全贯穿，重复两处，如图 7-20 所示。

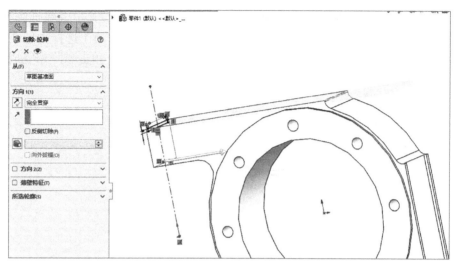

图 7-20　开槽两处

7.3.4　添加异型孔

异型孔设置如图 7-21 所示，在"特征"选项中选择"异型孔向导"，在"孔规格"中选择沉头孔类型，配合的螺栓为六角头螺栓，M30，完全贯穿，如图 7-21a 所示。由"类型"切换到"位置"，按照图 7-21b 所示步骤进行操作，选择"位置"，单击放置平面，单击孔圆心位置。按下 Esc 退出，然后按下 <Ctrl+8>，使放置平面正视于显示屏幕，如图 7-22 所示。

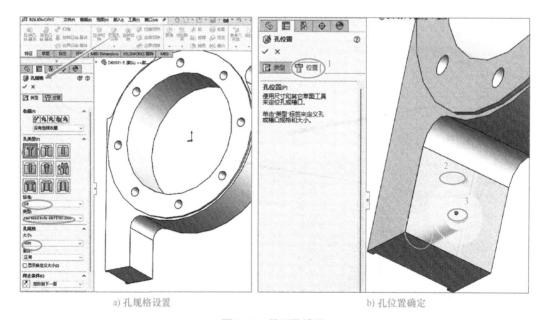

a) 孔规格设置　　　　　　　　　　　　　　　b) 孔位置确定

图 7-21　异型孔设置

异型孔也要完全定位，其定位点需要与坐标原点垂直，同时距离边线 55mm，如图 7-22 所示。

图 7-22　异型孔定位约束

同样的方式，添加另一个异型孔，如图 7-23 所示。

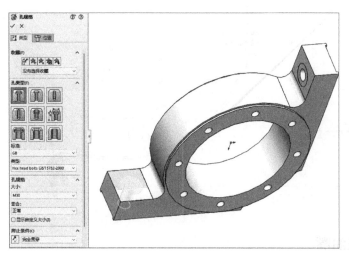

图 7-23　添加另一个异型孔

7.3.5　添加参考几何体

添加基准轴时，需要选中内圆面，自动添加，如图 7-24 所示。该基准轴是为基准面的添加做准备。

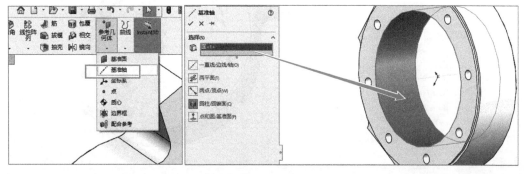

图 7-24　添加基准轴

添加基准面，选中"右视基准面"和已建的"基准轴1"，输入角度20°，则表示新建的基准面为右视基准面围绕基准轴旋转20°构成的面，如图7-25所示。

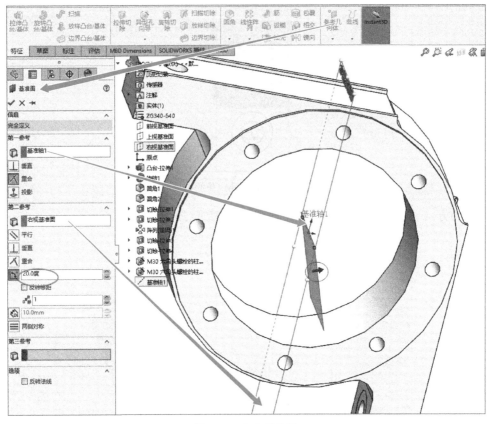

图7-25 构造基准面

7.3.6 添加注油嘴

选择新建的基准面草绘一个直径为φ8mm的圆，然后拉伸切除，完全贯穿，如图7-26所示。

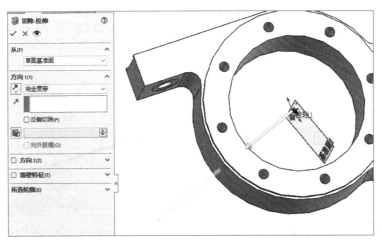

图7-26 绘制注油嘴油路

再次选择新建基准面进行草绘，将外圈面锪平，便于放置注油嘴螺纹孔。绘制直径为 $\phi30\text{mm}$ 的圆，等距为 204mm，反向完全贯穿，如图 7-27 所示。

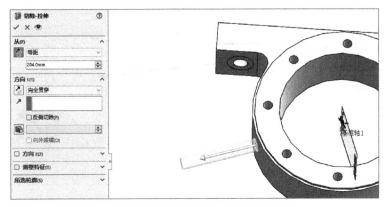

图 7-27　锪平外圆面

同理，按照图 7-28 所示添加注油嘴螺纹孔。

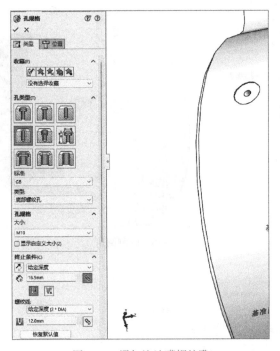

图 7-28　添加注油嘴螺纹孔

7.3.7　圆角与倒角

如图 7-29 所示，圆角半径为 *R*5mm。如图 7-30 所示，倒角设为 2mm，直接选择内孔，则两处都倒角。

7.3.8　设置属性并保存

零件设计好后，添加零件属性，如图 7-31a 所示；最后保存，如图 7-31b 所示。

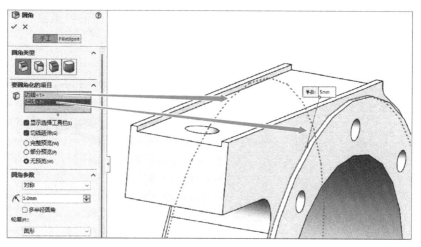

图 7-29　两侧倒圆

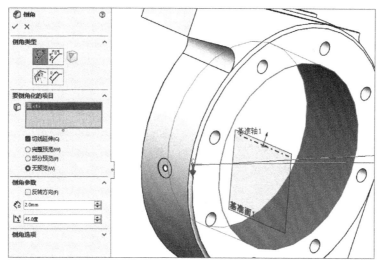

图 7-30　两侧倒角

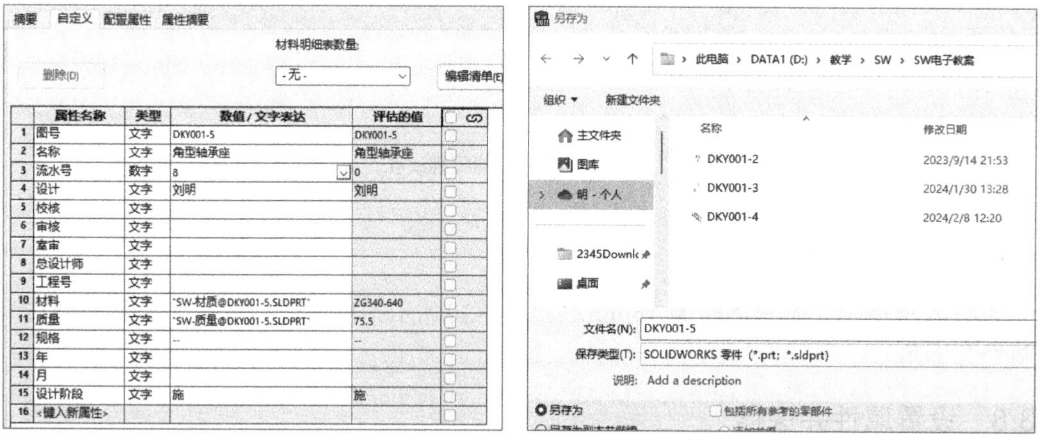

	属性名称	类型	数值 / 文字表达	评估的值	
1	图号	文字	DKY001-5	DKY001-5	
2	名称	文字	角型轴承座	角型轴承座	
3	流水号	数字	8	0	
4	设计	文字	刘明	刘明	
5	校核	文字			
6	审核	文字			
7	会审	文字			
8	总设计师	文字			
9	工程号	文字			
10	材料	文字	"SW-材质@DKY001-5.SLDPRT"	ZG340-640	
11	质量	文字	"SW-质量@DKY001-5.SLDPRT"	75.5	
12	规格	文字	--	--	
13	年	文字			
14	月	文字			
15	设计阶段	文字	施	施	
16	<键入新属性>				

a) 零件属性

b) 保存

图 7-31　设置属性及保存

◆7.4　工程图

　　由于轴承座相对复杂，因此选择 A2 图纸进行绘制，如图 7-32 所示。

　　选择模板后，如果使用的计算机上没有相应字体，可使用临时的替换字体，如图 7-33 所示。

图 7-32　选择图纸

图 7-33　使用临时的替换字体

　　接下来就是插入模型和主视图，同时设置图纸比例，如图 7-34 所示。

图 7-34　修改图纸比例

7.4.1　图形显示样式

　　选择虚线显示样式，并设置"切边不可见"，如图 7-35 所示。

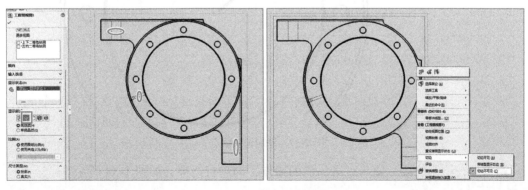

图 7-35　选择虚线显示样式

添加中心线，如图 7-36 所示。

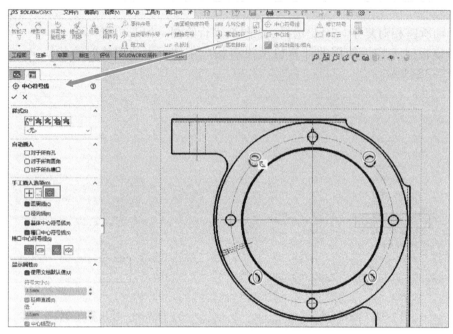

图 7-36　添加中心线

7.4.2　剖视图

第一步，先通过草图绘制一个圆点，使其和孔中心原点重合，如图 7-37 所示。

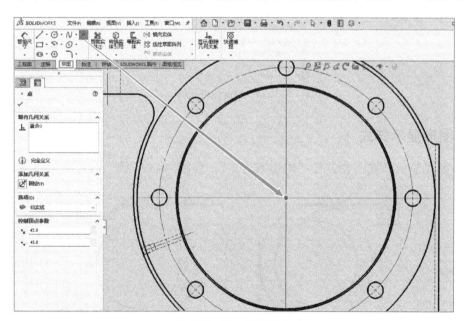

图 7-37　添加辅助圆点

第二步，绘制线段，使其过第一步的原点，即进行约束，如图 7-38 所示。

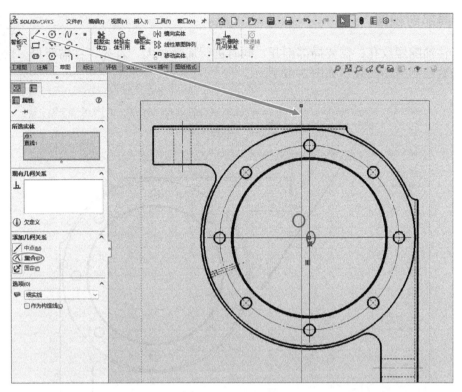

图 7-38　添加剖切线段

　　第三步，选中第二步绘制的线段，在"工程图"选项中选择"剖面视图"，然后放置剖视图 A—A，通过单击"反转方向"来改变图形剖视方向，如图 7-39 所示。

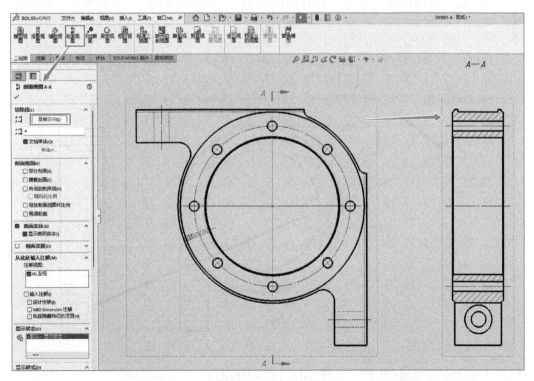

图 7-39　生成剖视图

7.4.3 局部剖视图

对于注油嘴螺纹孔，需要局部剖开，同时进行局部放大。首先，在需要局部剖的位置绘制封闭曲线，如图 7-40 所示。

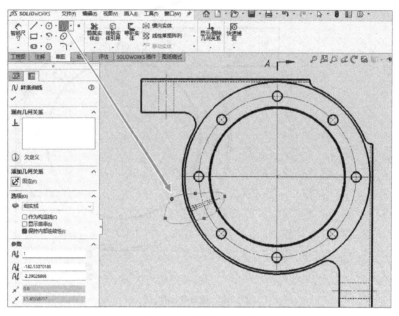

图 7-40　绘制封闭曲线

其次，选中封闭曲线，单击"断开的剖视图"，选择剖视图 A—A 的圆孔，确定剖切深度，如图 7-41 所示。

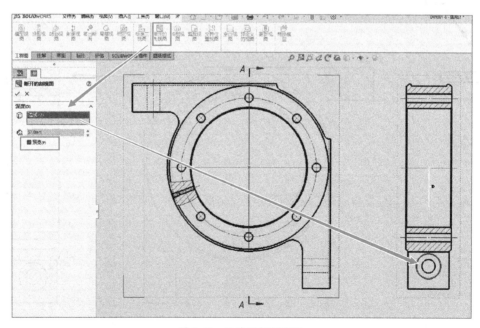

图 7-41　生成局部剖视图

7.4.4　模型修改

　　模型局部剖开后，通过鼠标滚轮放大观看时，发现注油嘴螺纹孔的内部进行了倒角，如图 7-42 所示。回顾前期制图过程，发现是在内圈两侧倒角时选择了内圈整个面，因此只要在面上的缺口都会倒角。故需要再回到模型进行修改，这也是设计过程中经常遇到的过程。

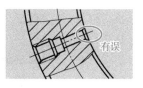

图 7-42　发现模型错误

　　回到模型中后发现的确是最后一步倒角时出现的错误，如图 7-43 所示。

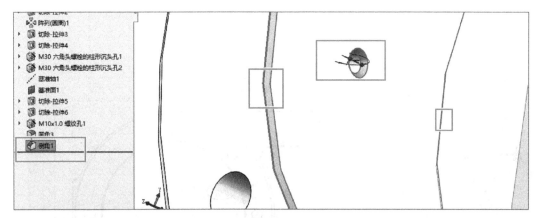

图 7-43　诊断错误

　　右击"倒角 1"后选择 进行修改，如图 7-44 所示。

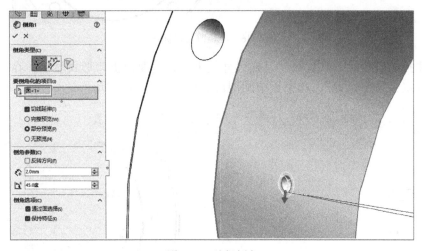

图 7-44　编辑倒角

　　在要倒角化的项目中删除已经选择的"面"（右键→删除）。再选择轴承座孔两侧边线。这样注油嘴螺纹孔就不会倒角了，如图 7-45 所示。

7.4.5　尺寸标注

　　按照设计图样添加尺寸，这里仅仅针对特别需要注意的地方进行强调。圆周上螺栓孔中心圆添加尺寸时需要标注直径，按照图 7-46 所示选中半径，在"尺寸"的"引线"栏中选择"直径"即可。

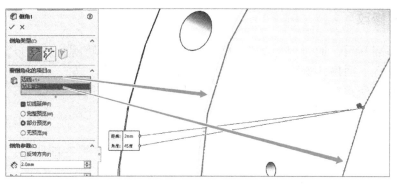

图 7-45　修改倒角

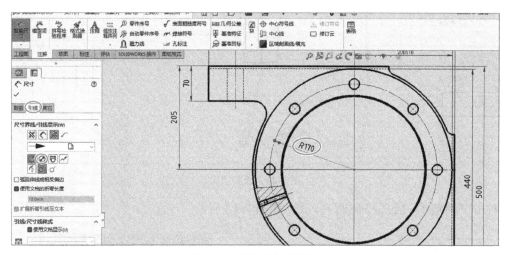

图 7-46　半径改直径标注

在标注孔的直径时，默认数字是在尺寸线上方，若要以折弯形式显示，在"引线"栏中勾选"自定义文字位置"，选中正中间即可实现，如图 7-47 所示。

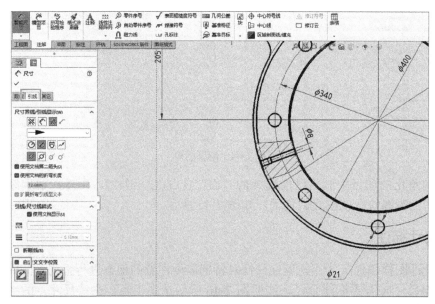

图 7-47　尺寸文字位置修改

按照图 7-48 所示修改尺寸标注为 $8 \times \phi 21$ 和 EQS，表示 8 个螺栓孔，均布。

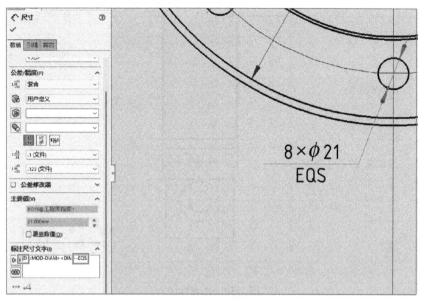

图 7-48 修饰孔特征

如果构建三维零件图时采用的是异型孔，那么可以采用孔标注的形式进行尺寸标注。单击"孔标注"，再单击要标注的圆，自动出现孔特征尺寸，如图 7-49 所示。

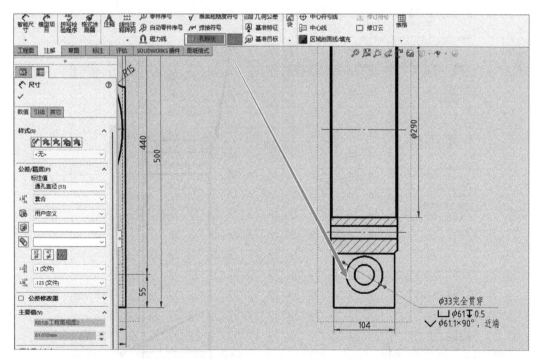

图 7-49 孔特征标注

如果需要体现孔特征的有两处，那么通过"注释"可以添加文字，如图 7-50 所示。

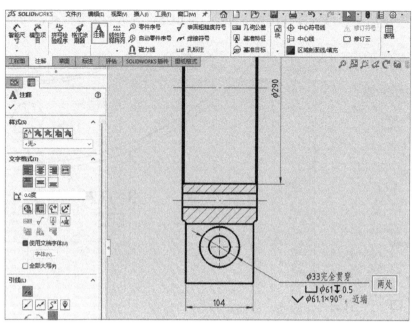

图 7-50　注释标注

7.4.6　公差配合

首先添加基准特征 *A* 和 *B*，如图 7-51 所示，其次标注几何公差，如图 7-52 所示。

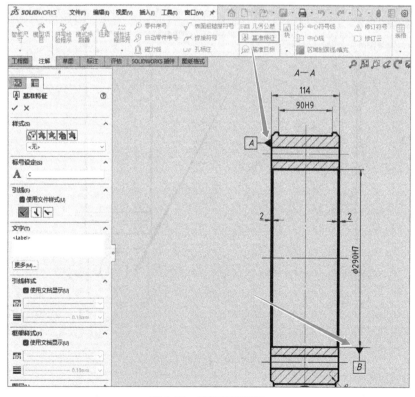

图 7-51　添加基准特征

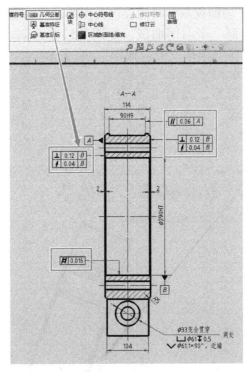

图 7-52　几何公差标注

7.4.7　向视图

为了展现注油嘴螺纹孔的局部特征，需要添加局部向视图。在"工程图"选项中选择"辅助视图"，如图 7-53 所示。然后选中注油嘴螺纹孔安装平面锪平边线（注意一定是直

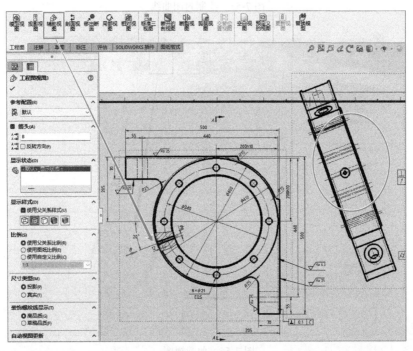

图 7-53　辅助视图

线），如图 7-54 所示。对于辅助视图，我们仅仅关注注油嘴螺纹孔的结构，因此只需要局部显示，此时通过草图绘制一个封闭曲线，如图 7-55 所示。最后在"工程图"选项中选择"剪裁视图"，将多余的图形剪掉，如图 7-56 所示。

将视图 B 解除对齐关系，这样以便于任意位置放置，同时在"显示样式"上选择"实线显示"，如图 7-57 所示。

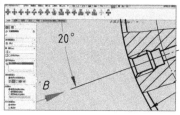

图 7-54　向视图 B

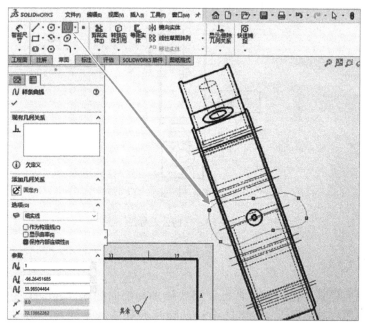

图 7-55　绘制封闭曲线

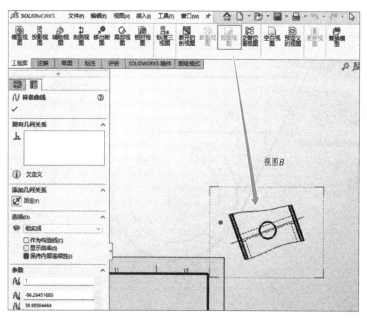

图 7-56　剪裁视图

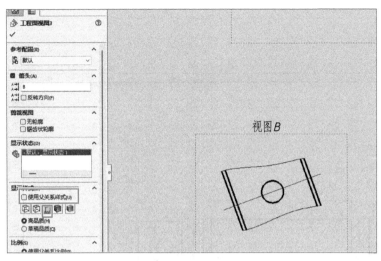

图 7-57　设置"显示样式"

同时给注油嘴螺纹孔添加"孔标注",如图 7-58 所示。

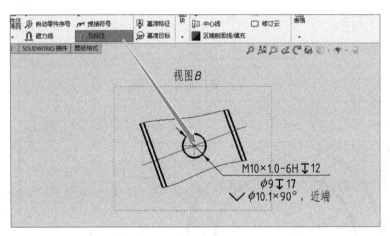

图 7-58　注油嘴螺纹孔特征

设置完善零件特征后保存,如图 7-59 所示。从动轮角型轴承座预览图如图 7-60 所示。

	属性名称	类型	数值 / 文字表达	评估的值	⊘
1	图号	文字	DKY001-6	DKY001-5	
2	名称	文字	角型轴承座	角型轴承座	
3	流水号	数字	8	8	
4	设计	文字	刘明	刘明	
5	校核	文字			
6	审核	文字			
7	查审	文字			
8	总设计师	文字			
9	工程号	文字			
10	材料	文字	"SW-材质@DKY001-6.SLDPRT"	ZG340-640	
11	质量	文字	"SW-质量@DKY001-6.SLDPRT"	75.5	
12	规格	文字	--	--	
13	年	文字			
14	月	文字			
15	设计阶段	文字	施	施	
16	<键入新属性>				

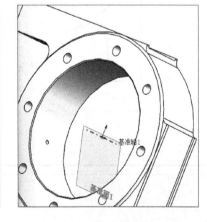

图 7-59　保存

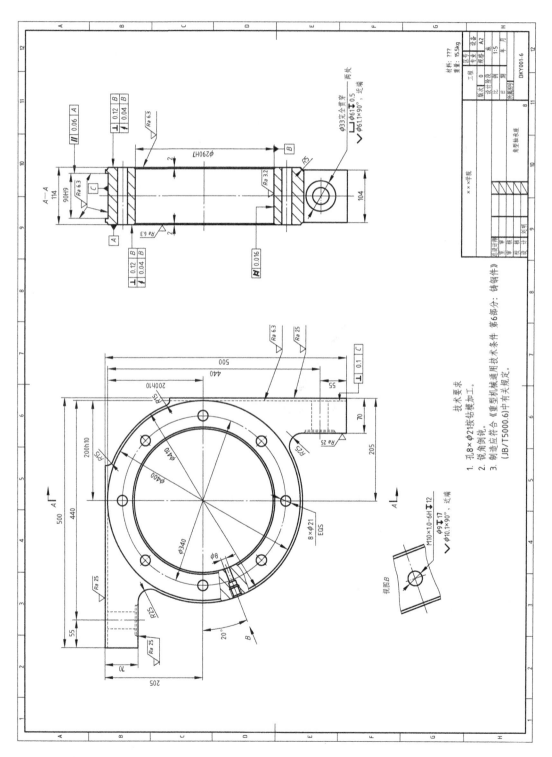

图 7-60 角型轴承座预览图

根据图 7-61 所示要求进行三维建模并转化成工程图。

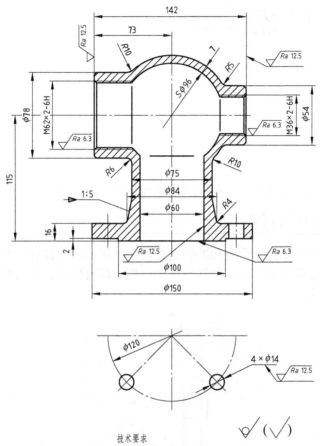

技术要求
1. M62×2-6H与M36×2-6H的不同心度不大于0.08mm。
2. 热处理后要求硬度达到200HBW，消除应力后进行加工，倒角为C2。
3. 铸造后不得有砂眼、裂纹等缺陷。

图 7-61 球头

情景 8

从动轮透盖设计

操作技能点

　　草图绘制、旋转实体特征、倒角、圆周阵列、尺寸、几何公差、剖视图。

◆8.1　透盖的设计图

　　由于从动轮的尺寸较大，没有标准的透盖可用，因此必须设计。对于回转体的三维设计来说，透盖并不是很复杂，只要绘制出一半，旋转即可生成，然后再开螺栓孔，透盖的设计图如图 8-1 所示。

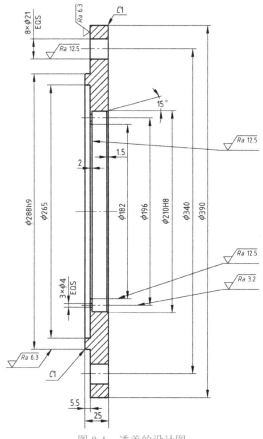

图 8-1　透盖的设计图

❖❖ 8.2　三维建模

选择三维零件图进行绘制，进行几何与尺寸的约束，如图 8-2 所示。
旋转特征如图 8-3 所示。

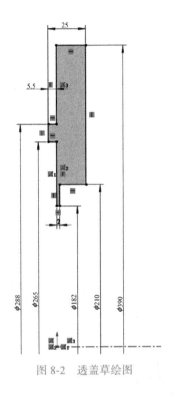

图 8-2　透盖草绘图

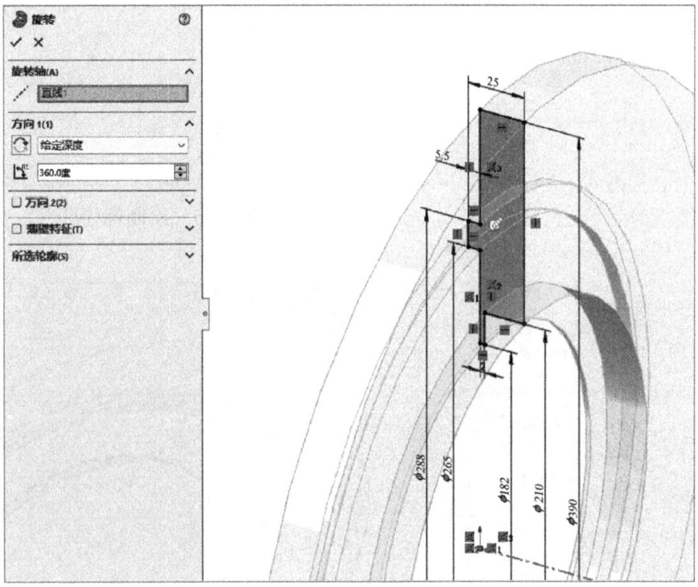

图 8-3　旋转特征

选择螺栓孔的基准面，如图 8-4 所示。

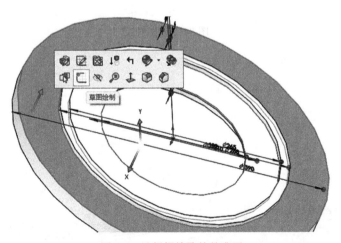

图 8-4　选择螺栓孔的基准面

绘制螺栓孔，使圆心与模型的圆心水平对齐，标注定位尺寸与直径，如图 8-5 所示。
拉伸切除，完全贯穿，如图 8-6 所示。

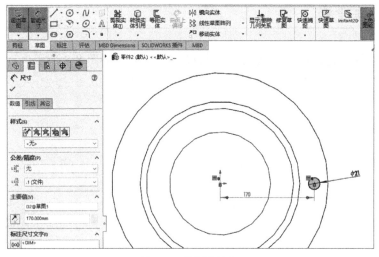

图 8-5　绘制螺栓孔

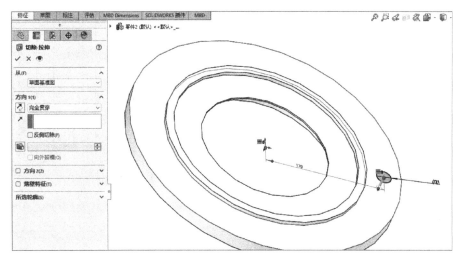

图 8-6　切除孔

将切除的孔进行圆周阵列，如图 8-7 所示。

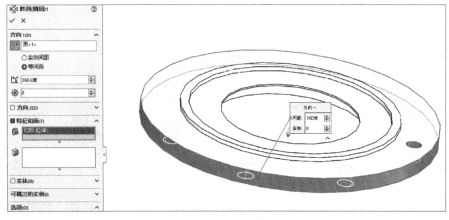

图 8-7　阵列孔特征

同理，绘制油孔，并进行约束，拉伸切除，完全贯穿，圆周阵列 3 个，如图 8-8 所示，最后进行倒角。透盖属性设置如图 8-9 所示。

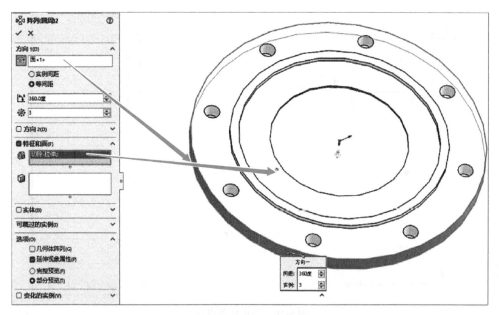

图 8-8　绘制油孔

	属性名称	类型	数值 / 文字表达	评估的值		
1	图号	文字	DKY001-7	DKY001-7		
2	名称	文字	透盖	透盖		
3	流水号	数字	9	0		
4	设计	文字	刘明	刘明		
5	校核	文字				
6	审核	文字				
7	宣审	文字				
8	总设计师	文字				
9	工程号	文字				
10	材料	文字	"SW-材质@零件2.SLDPRT"	Q235-A		
11	质量	文字	"SW-质量@零件2.SLDPRT"	13.1		
12	规格	文字	--	--		
13	年	文字				
14	月	文字				
15	设计阶段	文字	施	施		
16	<键入新属性>					

图 8-9　透盖属性设置

◇◆8.3　工程图

新建工程图，选择 A4 零件纵向，图纸比例为 1∶2，如图 8-10 所示。
草图绘制，如图 8-11 所示，全剖，选择一条边，如图 8-12 所示。
添加各中心线并标注尺寸，如图 8-13 所示。

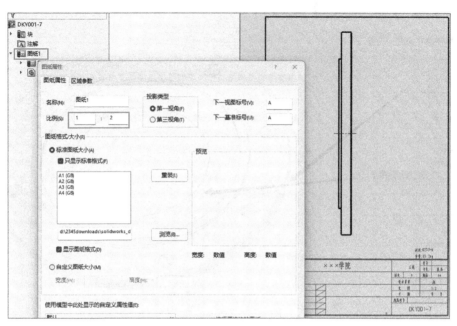

图 8-10　图纸比例设置

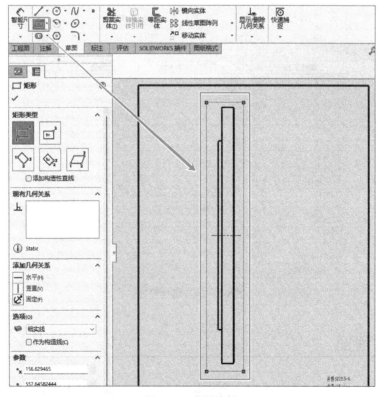

图 8-11　草图绘制

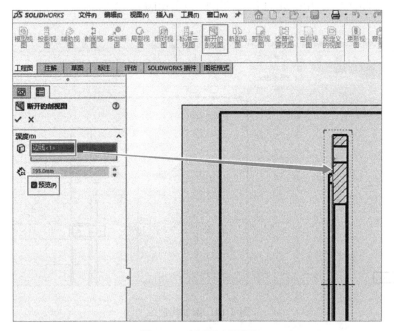

图 8-12　断开的剖视图

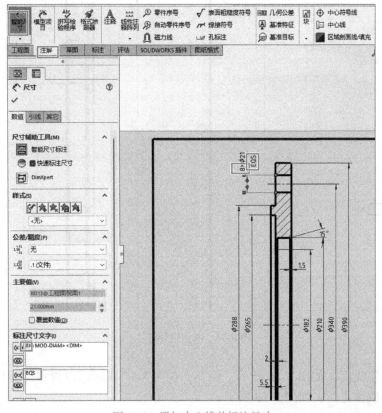

图 8-13　添加中心线并标注尺寸

对于油路的 3 个孔，全剖后只能保证一个孔在面上，另外一个只能添加一条中心线，即构造线。然后标注尺寸并添加直径，如图 8-14 和图 8-15 所示。

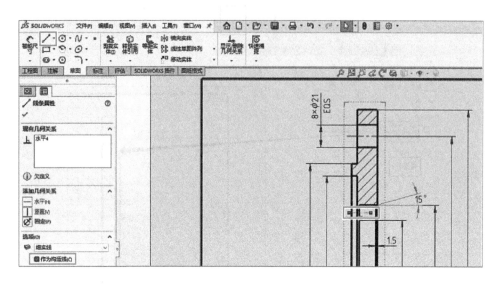

图 8-14　添加构造线

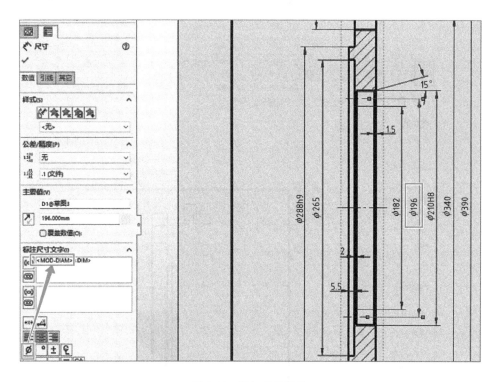

图 8-15　添加直径符号

标注表面粗糙度，如图 8-16 所示。保存，如图 8-17 所示。设置零件属性，如图 8-18 所示。打印生成预览图，如图 8-19 所示。

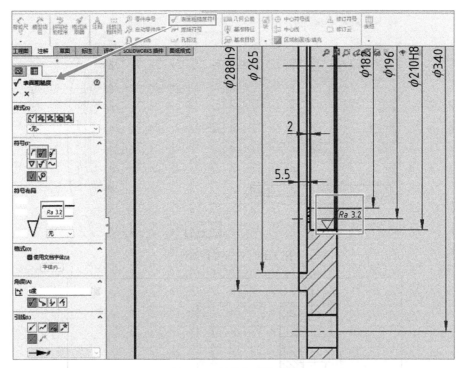

图 8-16　标注表面粗糙度

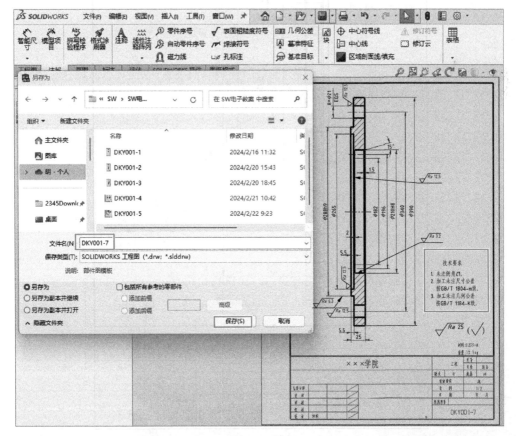

图 8-17　保存

图 8-18　设置零件属性

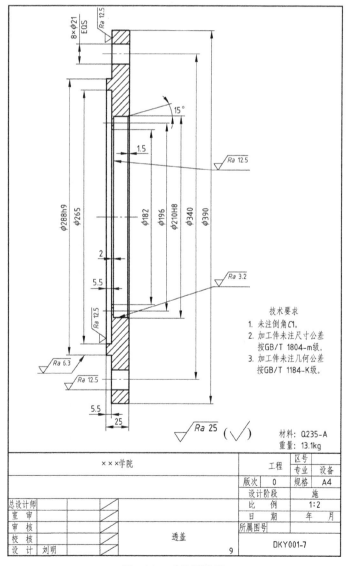

图 8-19　透盖预览图

习　题

根据图 8-20 所示要求进行三维建模并转化成工程图。

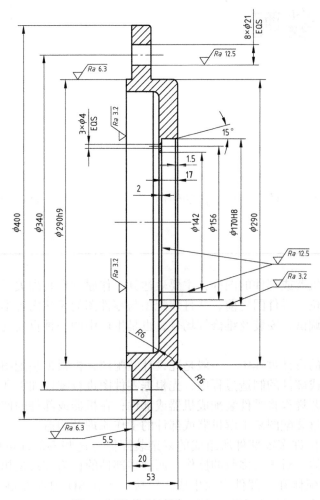

图 8-20　透盖（材料为 ZG200-400）

从动轮装配

操作技能点

零件的浮动与固定、约束、标准件的使用、工程图、序号、材料明细表、公差配合。

◆9.1　引言

装配图是表达机器或部件的图样，主要表达其工作原理和装配关系。在机器设计过程中，装配图的绘制位于零件图之前，并且装配图与零件图的表达内容不同，它主要用于机器或部件的装配、调试、安装及维修等场合，也是生产中的一种重要的技术文件，非常具有逻辑性。

在机器或部件的设计过程中，一般是先设计装配图，再根据装配图进行零件设计，画出零件图；在机器或部件的制造过程中，先根据零件图进行零件加工和检验，再依据装配图所制定的装配工艺规程将零件装配成机器或部件；在机器或部件的使用、维护及维修过程中，也经常要通过装配图来了解机器或部件的工作原理及构造。

用户可以创建由许多零部件所组成的复杂装配体，这些零部件可以是零件或其他装配体，称为子装配体。对于大多数的操作，两种零部件的行为方式是相同的。添加零部件到装配体时，在装配体和零部件之间生成一链接。当在 SOLIDWORKS 软件中打开装配体时，将查找零部件文件，并在装配体中显示。零部件中的更改自动反映在装配体中。装配体的文档扩展名为 .sldasm。配合是指在装配体零部件之间生成几何关系。添加配合时，需定义零部件线性或旋转运动所允许的方向，用户可在其自由度之内移动零部件，从而使装配体的行为直观化。

在三维设计中，一般先根据设计意图绘制相应的三维零件，边装配边修改零件，最后由三维模型导出装配图。本情景的装配体为前述所绘制的三维零件模型根据要求模拟实际装配而获得的三维装配体。

◆9.2　新建装配体

首先新建装配体，在"新建文件"对话框中选择"DKY 三维装配体"，如图 9-1 所示。

在弹出的"开始装配体"选项中，在打开文档处选择"浏览"，然后找到存放三维零件的目录，将所有要插入的三维零件全部选中，或者后续一件一件地插入，如图 9-2 所示。

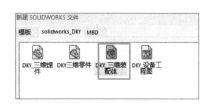

图 9-1 新建装配体

图 9-2 插入三维零件

进入装配体的零件顺序是工程图中零件序号的默认顺序，当然也可以在后续的工程图中强制修改顺序。如图 9-3 所示，进入三维装配体界面后，右侧项目树从上至下就表示零件的顺序。进入的第一个零件默认为固定（零件前面＋代表固定，－代表浮动），如图 9-4 所示，就表示不能通过鼠标拖动，其他零件可任意拖动。但是根据实际情况，第一个零件不一定适合固定。

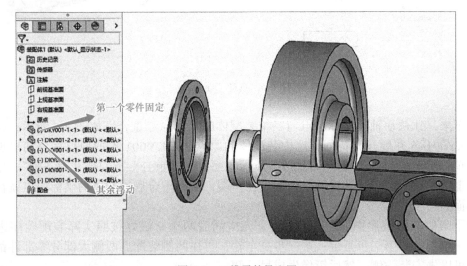

图 9-3 三维零件导入图

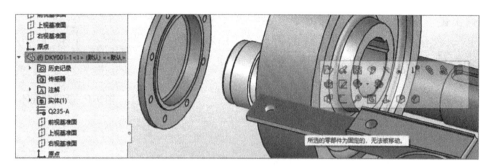

图 9-4　固定的零件

◆ 9.3　固定第一个零件

根据装配体特点，从动轴作为第一个固定零件最为合适，也与实际装配情况相符合。因此首先将零件 1 改为浮动，否则会默认第一个零件为固定。选中第一个零件，右击，在快捷菜单中单击"浮动"，如图 9-5 所示，此时零件就可以任意移动了。

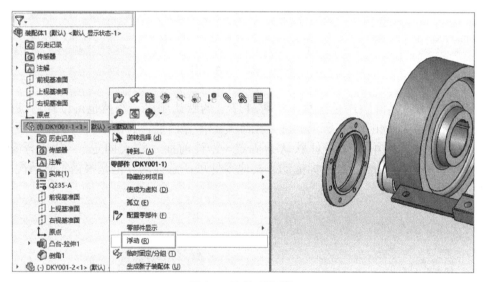

图 9-5　选择"浮动"

接下来，让从动轴的坐标原点与三维装配体的坐标原点重合。如图 9-6 所示，找到从动轴 DKY001-5 并展开其特征，选中装配体的原点和 DKY001-5 的原点，自动出现快捷操作菜单，单击"配合"，就出现图 9-7 所示界面。在"重合"下勾选"对齐轴"，单击✅确认并退出操作。由于从动轴的坐标原点在一端，所以重合后装配体的坐标原点就在轴心的左端面。

接下来的装配按照图 9-8 所示进行，先中间后两边，最好按照实际装配顺序进行安装。第一步是轴；第二步是键；第三步是车轮；再往两侧装配。两侧大部分零部件都是相同的，可以先安装一侧，然后镜像生成另一侧。

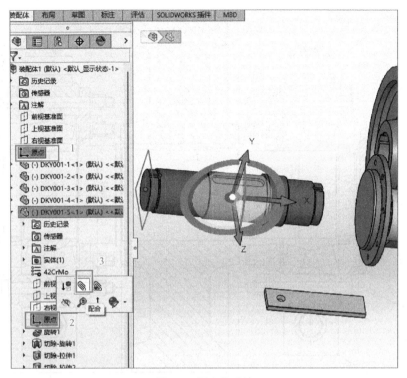

图 9-6　固定从动轴

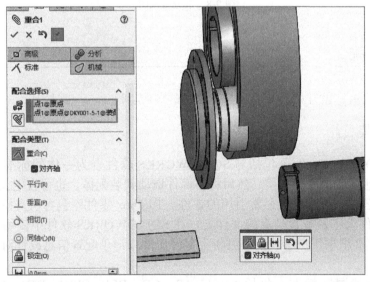

图 9-7　轴对齐配合

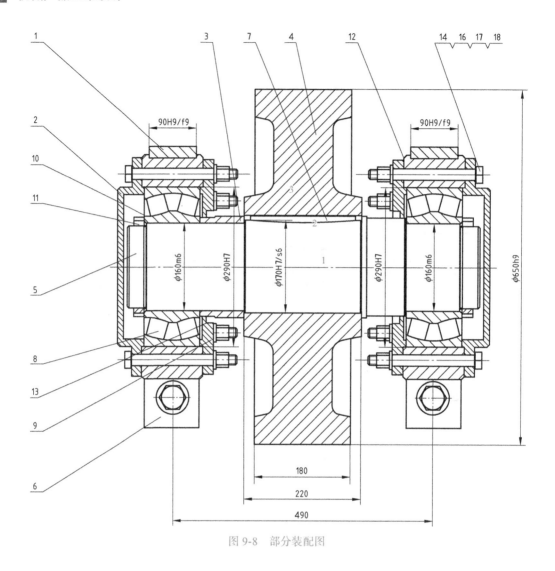

图 9-8　部分装配图

❖◆ 9.4　装配

从动轴固定后，就开始装配了，首先是键的装配。

9.4.1　键安装

SOLIDWORKS® Toolbox 包括与 SOLIDWORKS 软件合为一体的标准零件库。选择标准零件库中想插入的零件类型，然后将零部件拖动到装配体。也可自定义 Toolbox 零件库，使之包括公司的标准，或最常引用的零件。Toolbox 零件库包含所支持标准的主零件文件以及零部件大小及配置信息的文件夹。在 SOLIDWORKS 软件中使用新的零部件大小时，Toolbox 会根据用户参数设置更新主零件文件以记录配置信息或针对此大小生成零件文件。

Toolbox 支持国际标准，包括 ANSI、AS、GB、BSI、CISC、DIN、GB、ISO、IS、JIS 和 KS。Toolbox 包括轴承、螺栓、凸轮、齿轮、钻模套管、扣环、螺钉、链轮及键等标准件。我们主要采用国家标准（GB），如果是出口到国外的设计图纸，应按照对方要求的标准进行设计。

　　注： Toolbox 中所提供的扣件为近似展现，不包括精确的螺纹细节，因此可能不适合于某些分析，如应力分析。Toolbox 齿轮以机械设计目的所展现，并非可为制造使用的真实渐开线齿轮。齿条齿轮必须含有少于 1000 个轮齿。

　　按照图 9-9 所示添加 Toolbox 插件，将活动插件前后勾选，然后单击"确定"。

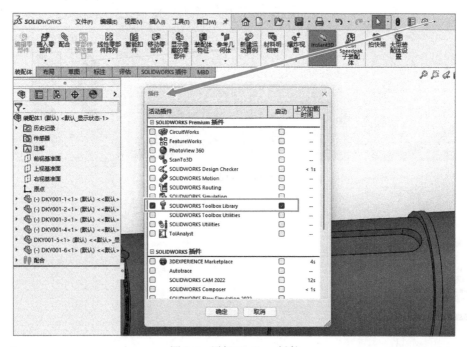

图 9-9　添加 Toolbox 插件

　　在装配体右侧设计库中找到"Toolbox"，如图 9-10 所示。依次选择"GB"→"销和键"→"平行键"→"普通型平键 GB1096—2003"，如图 9-11 所示，单击拖动到从动轴键槽处。

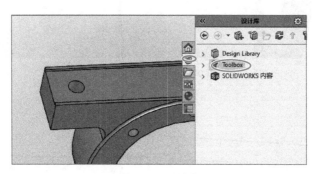

图 9-10　设计库

　　一般软件会自动根据键槽的尺寸大小来计算相应的键的大小，但是有时计算上也会有偏差，因此需要按照图 9-12 所示来设置键的参数，大小 40 决定了键的规格。

　　分别选择键的底部和键槽的底部，然后选择"重合"进行约束，这样两个面就重合了，如图 9-13 所示。

　　分别选择键和键槽的侧面，选择"重合"，如图 9-14 所示。

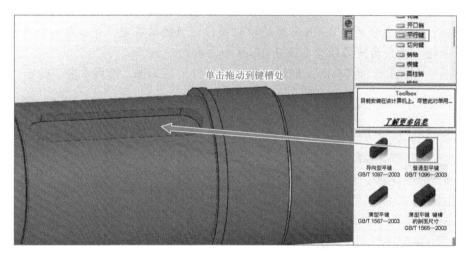

图 9-11　普通型平键

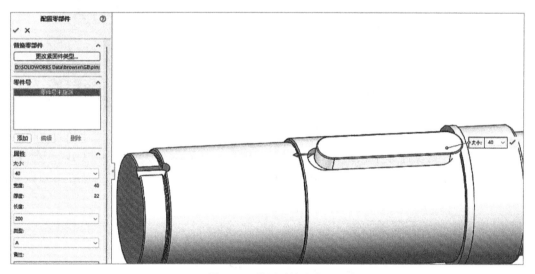

图 9-12　设置平键大小

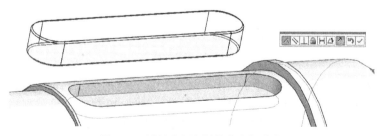

图 9-13　键的底部和键槽的底部重合

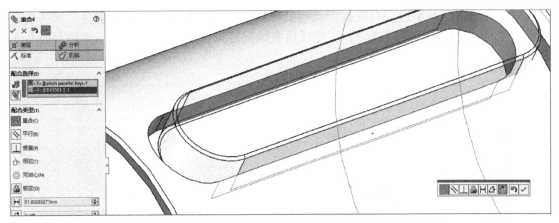

图 9-14　键和键槽的侧面重合

　　分别选择键的圆弧面与同侧键槽的圆弧面，配合类型选择"同轴心"，如图 9-15 所示，这样平键就完全固定了。

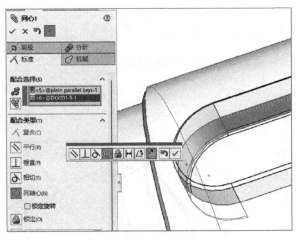

图 9-15　端面同轴心

9.4.2　车轮安装

　　车轮必须与轴同轴心，选择从动轴外圆面，再选择车轮的内孔面，同轴约束，如图 9-16 所示。

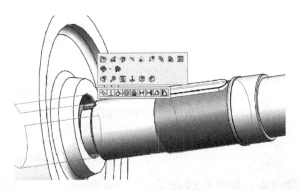

图 9-16　车轮与轴同轴心

车轮的键槽是与平键配合的，因此应使键槽的侧面与平键的同侧面重合，如图 9-17 所示。此时，车轮可以轴向移动，因此还需要轴向定位，如图 9-18 所示，轴的台阶与车轮端面重合。

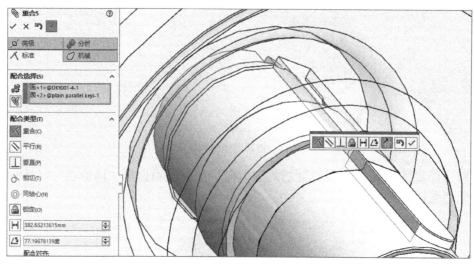

图 9-17　车轮键槽的侧面与平键的同侧面重合

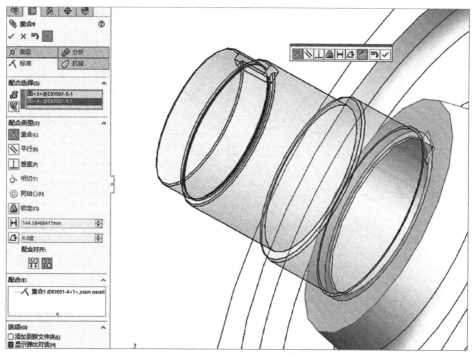

图 9-18　车轮轴向定位

9.4.3　轴套安装

轴套与车轮轴同轴约束，如图 9-19 所示。

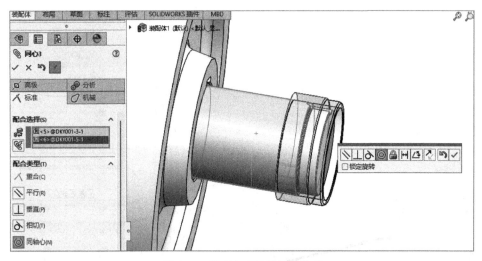

图 9-19 轴套与车轮轴同轴约束

轴套轴向定位时,按照实际装配要求,轴套一端应压着车轮端面,因此选择此面重合,如图 9-20 所示。由于轴套整周相同,因此可以不用周向约束,也就是它可以旋转,当然也可以约束死。

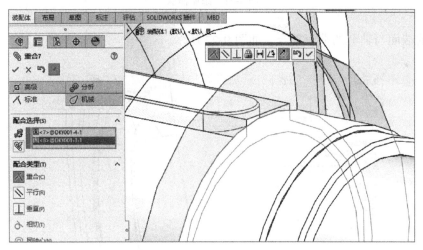

图 9-20 轴套轴向定位

9.4.4 轴承安装

本装配体选用的是调心滚子轴承,具有双列滚子,外圈有 1 条共用球面滚道,内圈有 2 条滚道并相对轴承轴线倾斜成一个角度。这种巧妙的构造使它具有自动调心性能,因而不易受轴与轴承座角度对误差或轴弯曲的影响,适用于有安装误差或轴挠曲而引起角度误差的场合。该轴承除能承受径向负荷外,还能承受双向作用的轴向负荷,在工程中广泛应用。在 Toolbax 中依次选择"轴承"→"滚动轴承"→"调心滚子轴承 GB/T 288—2013",然后将其拖动到安装轴上,如图 9-21 所示。

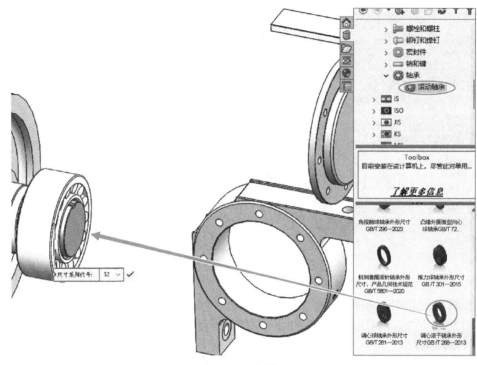

图 9-21　添加轴承

轴承的端面与轴套的端面重合，如图 9-22 所示。

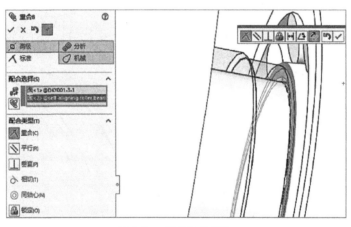

图 9-22　轴承轴向定位

9.4.5　轴承座安装

　　轴承座与轴承同轴约束，如图 9-23 所示，如果模型比较复杂，最好选择轴与轴承座同心，这样软件的计算量会少些。配合链条越长，计算量越大。

　　让轴承座的上平面与轴端的键槽底部平行，如图 9-24 所示。

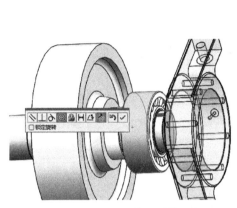

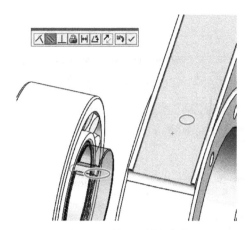

图 9-23　轴承座与轴承同轴约束　　　　　　图 9-24　轴承座周向定位

　　此时轴承座轴向可以任意移动，因此还需要添加约束，使轴承座的中间平面与轴承的中间平面重合，如图 9-25 所示，此时两零件关于中心平面对称。

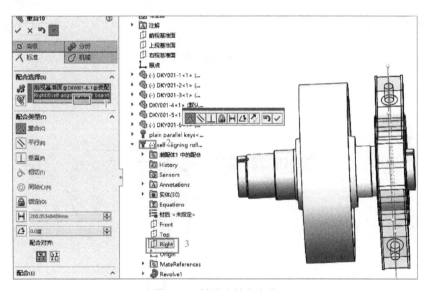

图 9-25　轴承座轴向定位

9.4.6　透盖安装

　　透盖是 DKY001-7，在第一批导入零件时漏了，现在重新添加。如图 9-26 所示，首先在装配体选项中选择"插入零部件"，在弹出的对话框中找到零件，单击"打开"即可。

　　透盖安装在轴承的内侧，所以将透盖的凸台与轴承的外圈端面重合，如图 9-27 所示。

　　然后选择一个螺栓孔同心，如图 9-28 所示。

　　透盖外圈与轴外圆同心，如图 9-29 所示。

图 9-26　插入零件

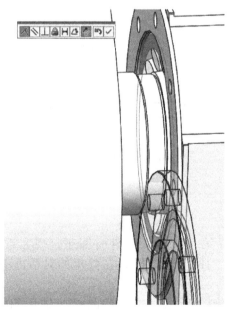

图 9-27　透盖的凸台与轴承的外圈端面重合

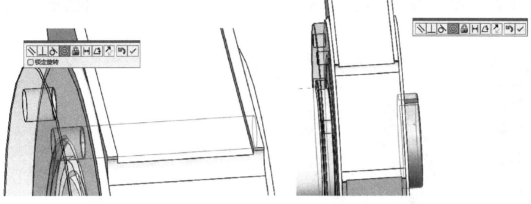

图 9-28　螺栓孔同心　　　　　　　　　　图 9-29　透盖外圈与轴外圆同心

9.4.7　止动垫圈与圆螺母安装

　　止动垫圈一般分为圆螺母用止动垫圈、外舌止动垫圈、双耳止动垫圈及单耳止动垫圈等。圆螺母用止动垫圈主要用在小圆螺母锁紧的场合；外舌止动垫圈、双耳止动垫圈、单耳止动垫圈都是用在一般螺母锁紧的场合，根据被连接件的外形结构不同而采用不同的形式。

　　圆螺母作为滚动轴承轴向固定的机械零件，常与圆螺母用止动垫圈配合使用，装配时将垫圈内舌插入轴上的槽内，而将垫圈的外舌嵌入圆螺母的槽内，圆螺母即被锁紧；或采用双螺母防松，常作为滚动轴承的轴向固定。

　　圆螺母及其止动垫圈规格为 M150，从标准件库中添加止动垫圈，如图 9-30 所示。

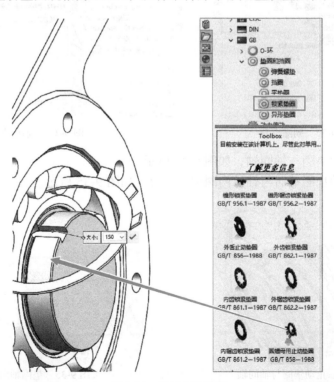

图 9-30　添加止动垫圈

　　由于自动配合会导致止动垫圈端面和键槽底部重合,如图 9-31 所示,因此要将此约束删除。

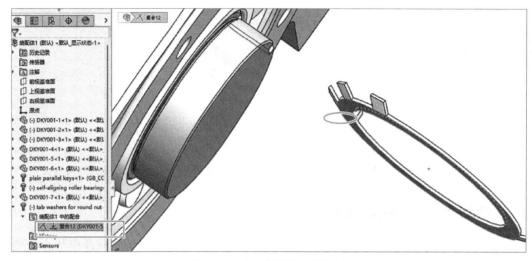

图 9-31　止动垫圈被水平约束

　　在项目树中,找到"止动垫圈"→"装配体 1 中的配合"→"重合 12",右击,在快捷菜单中选择"删除"(见图 9-32),出现图 9-33 所示的"确认删除"对话框,单击"是"即可删除已经添加的配合约束。

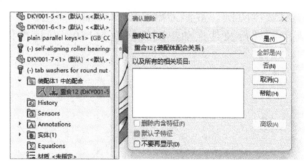

图 9-32　删除重合　　　　　　　　　　　图 9-33　确认删除

　　首先,让止动垫圈与轴同轴,如图 9-34 所示。
　　其次,使止动垫圈端面与轴承内圈端面重合,如图 9-35 所示。

图 9-34　止动垫圈与轴同轴　　　　　　　　图 9-35　垫圈轴向定位

由于 Toolbox 零件库中的圆螺母最大只有 M65 的型号，因此必须自建一个 M150 的圆螺母，然后插入零件，如图 9-36 所示。

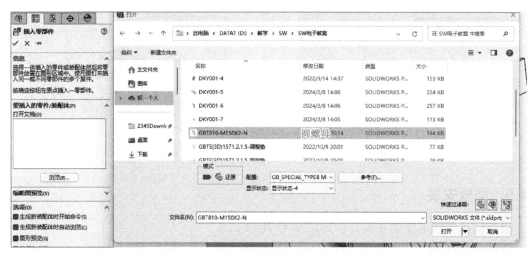

图 9-36　插入圆螺母

圆螺母与轴的同心约束，如图 9-37 所示。然后圆螺母端面与止动垫圈端面配合，如图 9-38 所示。圆螺母与止动垫圈的耳朵侧平行，如图 9-39 所示，以便于实现止动垫圈的止动功能。

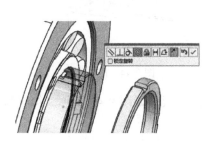

图 9-37　圆螺母与轴同轴

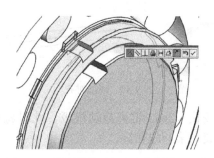

图 9-38　圆螺母端面与止动垫圈端面配合

9.4.8　端盖安装

轴上的零件安装完成后就可以进行端盖安装了，也就是按照先中间后两边、先里后外的顺序进行安装。端盖与轴同轴配合，如图 9-40 所示。

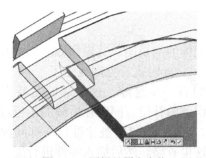

图 9-39　圆螺母周向定位

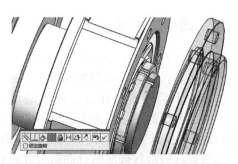

图 9-40　端盖与轴同轴

然后任选一个螺栓孔进行配合，如图 9-41 所示。然后选择轴承外圈端面和端盖端面进行配合，使得他们重合，如图 9-42 所示。

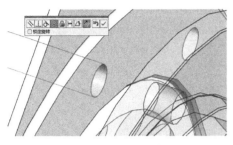
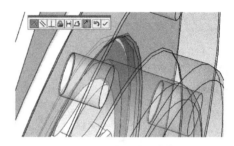

图 9-41　螺栓孔同轴　　　　　　　　　　　　图 9-42　端盖轴向定位

9.4.9　垫板安装

垫板底面与轴承座槽底重合，如图 9-43 所示。

将端面孔同轴，如图 9-44 所示。同时还必须选择一个侧面与轴承座的一个面平行后方可固定。

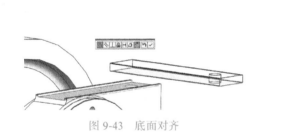

图 9-43　底面对齐　　　　　　　　　　　　图 9-44　同轴约束

按住 <Ctrl> 键再拖动垫板，此时就可以复制一件垫板，如图 9-45 所示。第二块垫板的安装与第一块相同。

按住<Ctrl>+左键拖拽
复制一件

图 9-45　复制零件

9.4.10　调整垫片安装

当需要查看三维模型内部情况时，就会用到装配体的剖视图。其操作方法为：首先选择一个剖切面；其次选择剖切面操作，如图 9-46 所示，此时就看见剖视图了。

局部放大后发现，在透盖或者端盖与轴承座间有一个缝隙，这个缝隙是特意预留的，一个是考虑加工累积误差，另一个是考虑安装误差的补偿。同时在后续的运行过程中也会存在一定的热变形。在装配时，如果缝隙过大，应添加调整垫片进行局部间隙的调整。调整垫片的形状按照贴合面的尺寸进行设计，这里省略。然后插入零件进行配合，如图 9-47 ～图 9-50 所示。

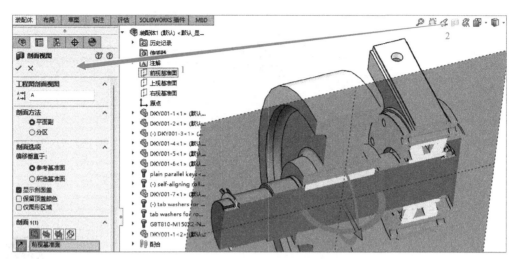

图 9-46　装配体的剖视图

图 9-47　插入调整垫圈

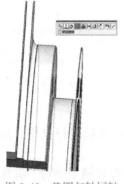

图 9-48　垫圈与轴同轴

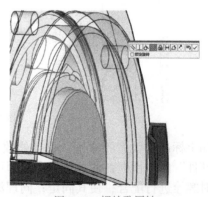

图 9-49　螺栓孔同轴

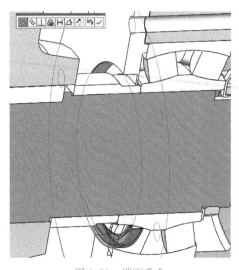

图 9-50　端面重合

9.4.11　螺栓、螺母安装

　　紧固件是起紧固连接作用且应用极为广泛的一类机械零件，在各种机械、设备、车辆、船舶、铁路、桥梁、建筑、工具、仪器及仪表等上面，都可以看到各式各样的紧固件。它的特点是品种规格繁多、性能用途各异，而且标准化、系列化、通用化的程度也极高，因此也有人把已有国家标准的一类紧固件称为标准紧固件，简称为标准件。紧固件是应用最广泛的机械基础件。这里仅考虑螺栓、螺母的安装，其他紧固件类似。在 Toolbox 中添加六角头螺栓 GB/T 5782—2016，如图 9-51 所示，长度为 200mm。

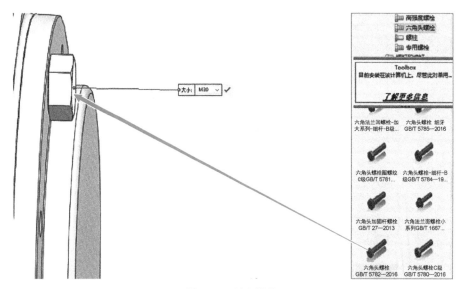

图 9-51　插入螺栓

　　如果标准件设置不合理，需要修改时，可按照图 9-52 所示进行操作，然后出现"配置零部件"的属性框，通过选择参数即可，如图 9-53 所示。

　　对螺栓进行配合，使其固定；同理添加弹簧垫圈、螺母和锁紧螺母，并配合约束，如图 9-54 所示。

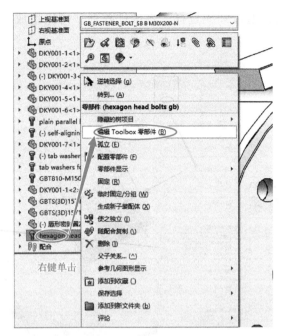

图 9-52　编辑 Toolbox 零部件

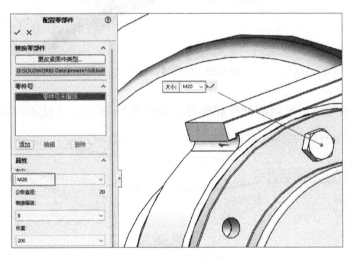

图 9-53　配置零部件

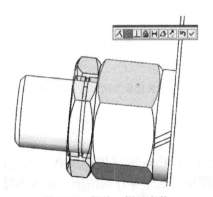

图 9-54　螺栓、螺母安装

第一组螺栓安装后，通过圆周选择"零部件阵列"可以生成其他的螺栓和螺母，如图 9-55 所示。

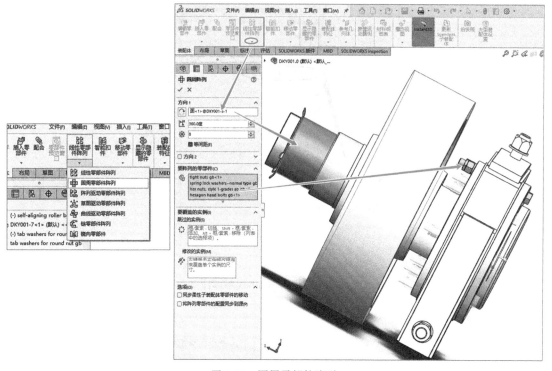

图 9-55　圆周零部件阵列

同理安装垫板与轴承座间的螺栓和螺母，如图 9-56 所示，在此不再赘述。

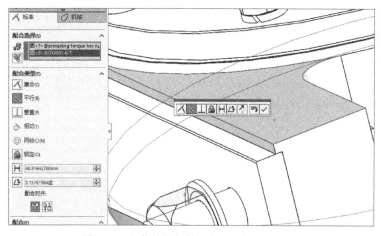

图 9-56　安装垫板与轴承座间的螺栓和螺母

9.4.12　油嘴安装

油嘴也是标准件，但是在 Toolbox 零件库中没有，因此这里需要自己绘制一个简易的油嘴，以确保在工程图总图中有这个零件的明细。插入油嘴如图 9-57 所示，油嘴配合，如图 9-58 所示。

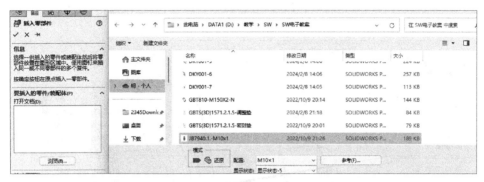

图 9-57　插入油嘴

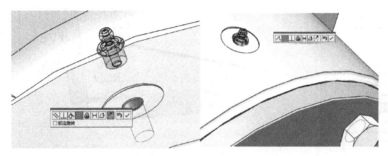

图 9-58　油嘴配合

9.4.13　镜像实体

选择车轮的中间平面作为镜像的基准面（见图 9-59），然后选择需要镜像的零部件即可（见图 9-60）。在所有镜像的零部件中，止动垫圈不能阵列（因为它不是对称体），只能单独安装。镜像后的装配体如图 9-61 所示。

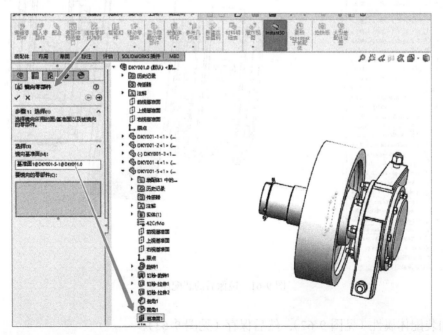

图 9-59　选择基准面

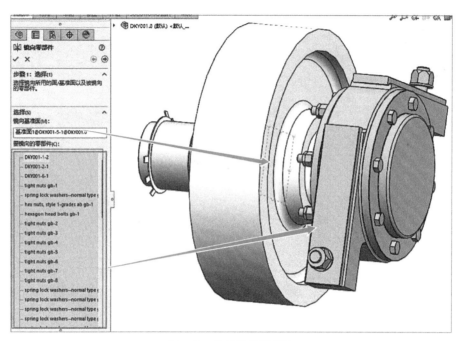

图 9-60　选择镜像零部件

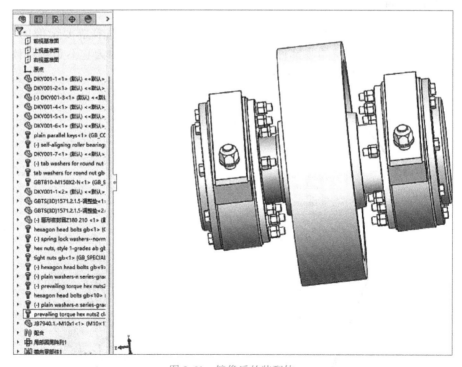

图 9-61　镜像后的装配体

添加装配体属性（见图 9-62），然后保存（见图 9-63）。

图 9-62　装配体的属性设置

图 9-63　保存装配体

◆ 9.5　装配体测量与干涉检查

对于三维模型，会经常用到"测量"功能，在"工具"菜单栏中选择"评估"，然后选择"测量"，这里除了测量，还有标注、质量属性、截面属性、干涉检查等功能，如图 9-64 所示。

测量时，只要选择实体，系统都会自动测量，如选中螺栓外圆柱，系统自动测量出周长、面积和直径，如图 9-65 所示。如果是两个面间的距离，直接选中两个面即可自动进行计算。对于装配体，干涉检查也非常重要，通过干涉检查能够明确知道哪些配合尺寸有问题。在"工具"菜单栏中选择"评估"，然后选择"干涉检查"，出现如图 9-66 所示界面，单击"计算"，系统开始进行干涉检查，干涉结果如图 9-67 所示，显示有 121 处干涉，同时计算出每一处的具体干涉面积，单击后，干涉结果会在三维图中高亮显示。这个模型中的干涉主要是螺纹配合的地方，不是因为尺寸错误造成的干涉，因此经过排查后选择"忽略"，干涉检查完成。如果是模型有尺寸问题，则要回到三维零件图中修改模型。

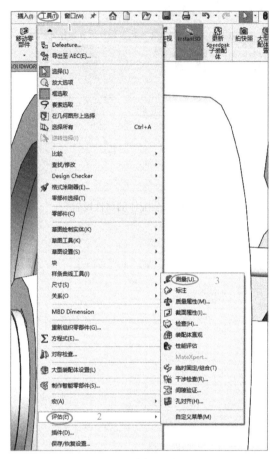

图 9-64　选择"测量"

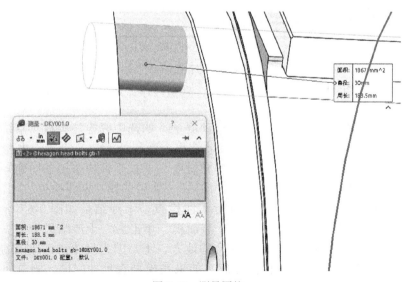

图 9-65　测量圆柱

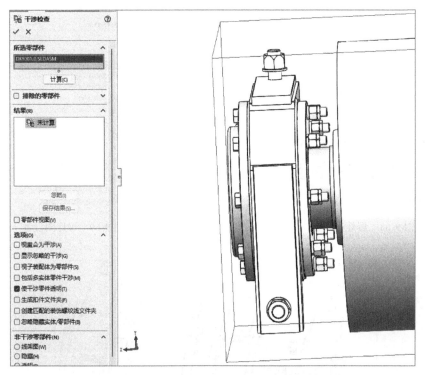

图 9-66　干涉检查

图 9-67　干涉结果

◇◆ 9.6　装配体的爆炸图

爆炸图，就是立体装配图，在产品的使用说明书中都有装配示意图，用于图解说明各构件的功能，这个具有立体感的分解说明图就是一个简单的爆炸图，也称为轴测装配示意图。同时国家标准规定，工业产品使用说明书中的产品结构优先采用立体图示。

爆炸图是一个外来词汇，英文名称是 Exploded Views，是三维 CAD/CAM 软件中的一项重要功能。有了这个功能，工程技术人员在绘制立体装配图时就会轻松许多，不仅提高了工作效率，还减轻了工作强度。如今这项功能不仅用在工业产品的装配使用说明中，而且越来越广泛地应用到机械制造中，使加工操作人员可以一目了然地看清装配图。SOLIDWORKS 软件中自然也有这个功能。在"装配体"选项中，单击控制面板中的"爆炸视图"（见图 9-68）或选择"插入"→"爆炸视图"。在弹出的界面中选择所有要移动的零部件，或者使用框选工具选中所有需要移动的零件，如图 9-69所示。在出现的黄色三维坐标系中，单击一个轴（如 Y 轴），当箭头变成蓝色时，沿着所选轴的方向拖动零部件。调整零部件的位置，直到达到所需的爆炸效果，如图 9-70所示。在完成调整后，单击，应用所做的爆炸视图设置。此外，如果需要撤销爆炸视图，可以在设计树中选择爆炸视图组件，右击，选择"解除爆炸"，装配体将恢复到原来的状态。如果需要以动画形式展示爆炸视图，可以选择"动画解除爆炸"进行设置。

图 9-69　爆炸图设置

图 9-68　爆炸视图

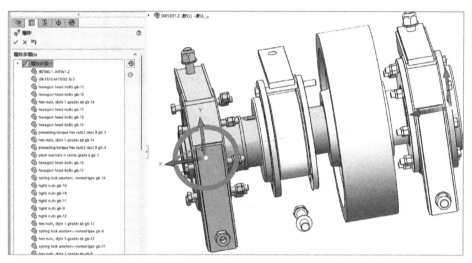

图 9-70　爆炸效果图

◆9.7　工程图

9.7.1　三视图

　　三视图是指观测者从上面、左面、正面三个不同角度观察同一个空间几何体而画出的图形。一个视图只能反映物体一个方位的形状，不能完整反映物体的结构形状。三视图是从三个不同方向对同一个物体进行投射的结果，另外还有剖视图、半剖视图等作为辅助，基本能完整地表达物体的结构。其投影规则为：主视图和俯视图的长要相等；主视图和左视图的高要相等；左视图和俯视图的宽要相等。当然也不是所有的物体都需要三个视图，应该以表达清楚结构为目的，可多可少。

　　接下来介绍从动轮组三维工程图的建立。插入设备工程图（见图 9-71），选择"部件A2 横向"并打开（见图 9-72），然后在模型视图中选择图 9-73 所示的箭头，然后选择前述保存的装配体模型。

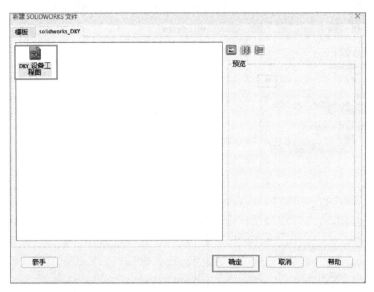

图 9-71　新建设备工程图

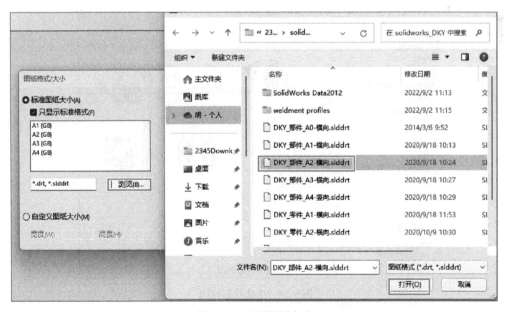

图 9-72　选择图纸大小

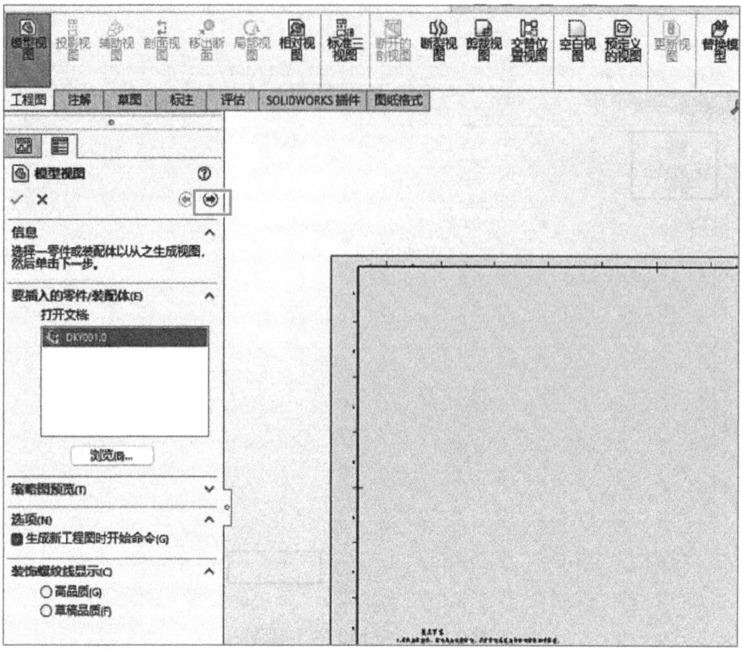

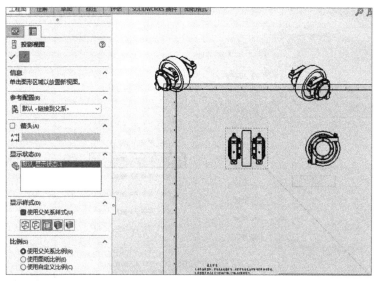

图 9-73　插入装配体模型

　　生成主视图后，在不同方向上生成投影视图，如图 9-74 所示。然后删除多余的，留下主视图、左视图和轴测图，同时修改图纸比例为 1∶5，如图 9-75 所示。

图 9-74　生成投影视图

　　但是对于轴测图，如果也用 1∶5 比例，图纸空间不够，且轴测图没有必要占很大的空间，因此需要单独调整其比例。如图 9-76 所示，选中轴测图，在弹出的界面选择"使用自定义比例"，将比例改为 1∶10，然后选中视图进行切边不可见设置，如图 9-77 所示。

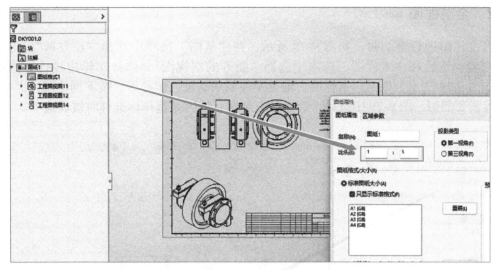

图 9-75 修改图纸比例

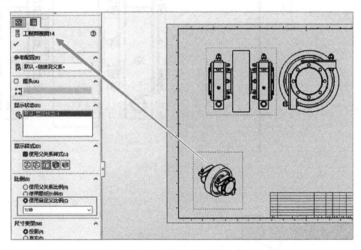

图 9-76 调整轴测图比例

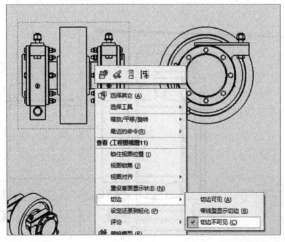

图 9-77 切边不可见

9.7.2 全剖视图

对主视图进行全剖时，如图 9-78 所示，在"草图"选项中选择"长方形"，将主视图全覆盖，然后在"工程图"选项中选择"断开的剖视图"，选择车轮边线计算剖切深度，如图 9-79 所示。根据国家标准，轴类零件如从动轴、螺栓等，按不剖绘制，而轴承、齿轮等需要剖切。图 9-79 中有一个透盖没有剖切，原因是选择标准件时被误选中。

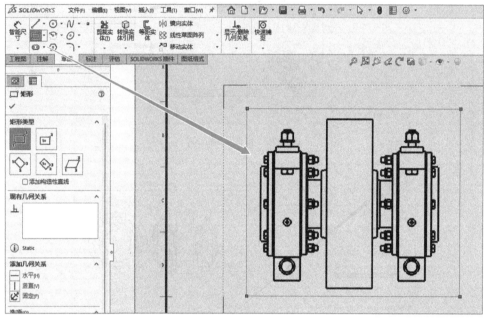

图 9-78　绘制草图

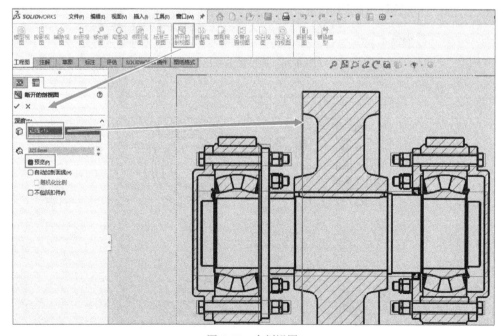

图 9-79　全剖视图

修改全剖视图时，先展开主视图找到断开的剖视图，然后右击，弹出快捷菜单，如图 9-80 所示，选择"属性"。"工程视图属性"对话框（见图 9-81）中包含视图属性、剖面范围、显示隐藏的边线、隐藏 / 显示零部件和隐藏 / 显示实体选项，这里选择"剖面范围"。如图 9-82 所示，选中未剖切的透盖，将其从"不包括零部件 / 筋特征"中删除。图 9-82 中被圈出的零件表示不需要剖切的零件。

图 9-80　编辑剖视图

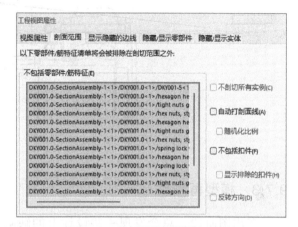

图 9-81　"工程视图属性"对话框

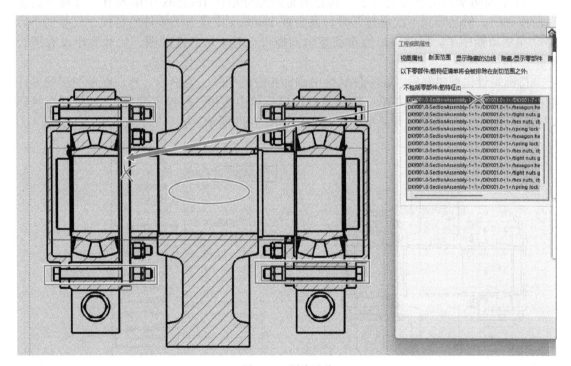

图 9-82　删除透盖

在完成透盖剖切后，还发现本不应剖切的平键被剖切了，此时按照上述操作方式，回到"剖面范围"选项卡中，将平键选中，将其列入不被剖切的范围，如图 9-83 所示。

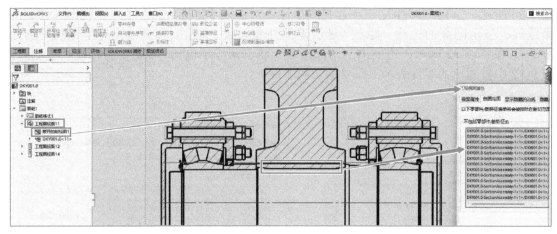

图 9-83 增加平键

9.7.3 模型再修改

在出图阶段，总会发现一些设计上的缺陷或者错误，因此反复修改是机械产品设计中不可或缺的部分。在装配阶段，会发现零件安装错误、缺失、尺寸错误等情况，例如，图 9-84 中轴两端的圆螺母消失了。其原因是圆螺母是在 Toolbox 中由现有零件修改后保存而得到的，但是等到下次再打开时，又会被 Toolbox 中现有的零件给替代，尺寸变小后隐藏在从动轴中了。此时，只能重新建模圆螺母，对于示意性的图，尺寸大小没有那么严格。

待圆螺母模型建好后，在零件属性中添加相应的标号、规格等。然后在装配图的零件栏中找到现有的圆螺母，右击，在弹出的快捷菜单中选择"替换零部件"。如果没有找到"替换零部件"，单击▼展开菜单即可找到，如图 9-85 所示。

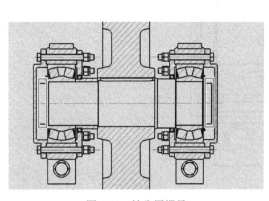

图 9-84 缺失圆螺母

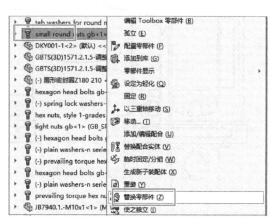

图 9-85 替换零部件

在"替换"栏中单击"浏览"，找到新建的圆螺母模型，单击"打开"，如图 9-86 所示。

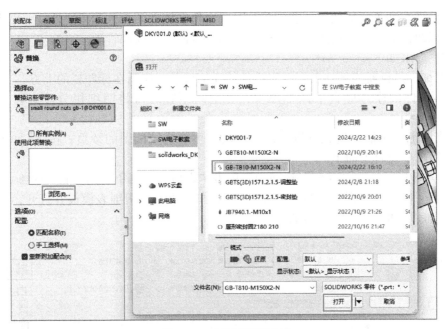

图 9-86　替换圆螺母模型

此时会出现很多错误信息，删除新零件所有的配合，如图 9-87 所示。单击图标 🔳，将装配图调整到全剖状态下，再重新配合。

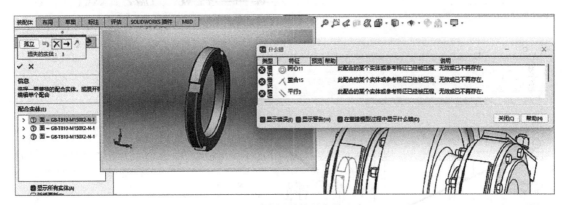

图 9-87　删除新零件所有的配合

9.7.4　材料明细表

装配图的明细表通常包括以下内容：

1）序号：每个零件都必须有唯一的序号，这些序号在明细表中列出，并且与零件编号一一对应。

2）图号：零件的编号或者标准件的标准编号。

3）名称：列出每个零件的具体名称。

4）数量：指明每种零件的数量。

5）材料：注明制造零件所用的材料。

6）备注：提供关于零件的额外信息或说明。

这些信息有助于清楚地识别和理解装配图中每个零件的角色和重要性。明细表通常位于装配图标题栏的上方，按照一定的格式排列，以便于阅读和管理。

明细栏要求如下：

1）明细栏是机器或部件中全部零部件的详细目录，应画在标题栏的上方。

2）零部件的序号应自下而上填写，当空间不够时可将明细栏分段画在标题栏的左方。

3）当明细栏不能配置在标题栏的上方时，可作为装配图的续页，按 A4 幅面单独绘制，其填写顺序应自上而下。

如图 9-88 所示，在"注解"选项中，单击"表格"子菜单中的"材料明细表"，然后选中主视图（任意一个视图均可），找到已经制作好的材料明细表模板并打开，如图 9-89 所示，单击 ✅ 后即可自动添加明细表。

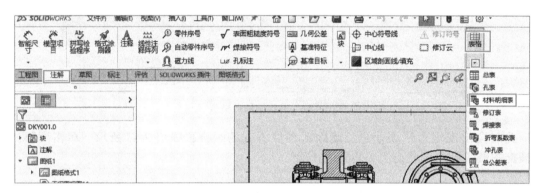

图 9-88 插入材料明细表

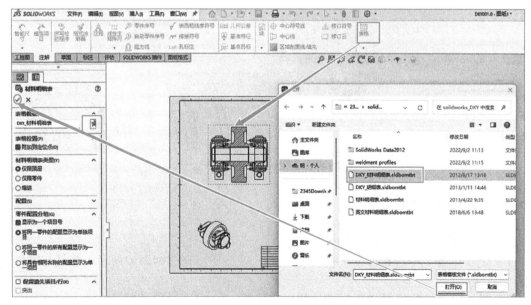

图 9-89 插入材料明细表模板

明细表可以根据图样布局进行分栏处理，按照图 9-90 所示分割明细表，选中需要分割的一行，右击，在快捷菜单中单击"分割"→"横向上"，分割后效果如图 9-91 所示，然后将其拖动到需要放置的位置，如图 9-92 所示。

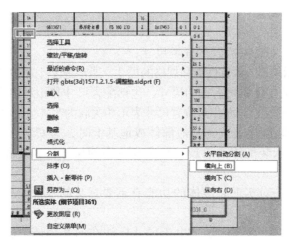

图 9-90 分割明细表

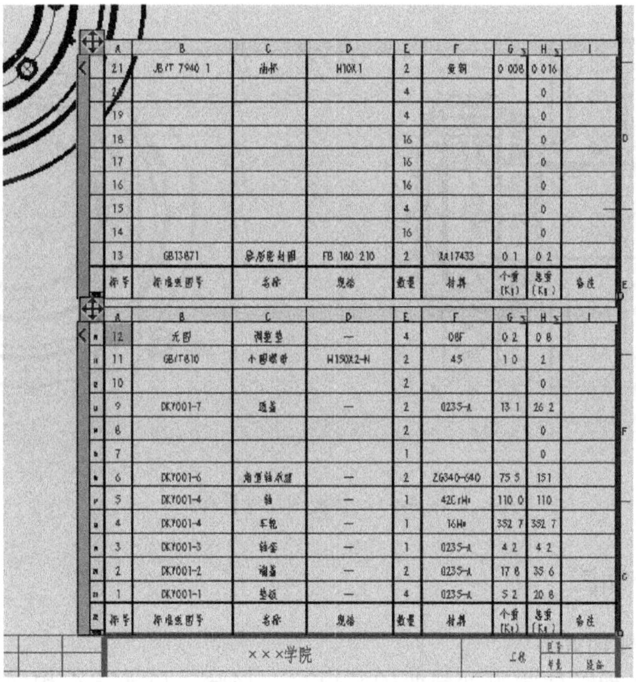

图 9-91 分割后效果

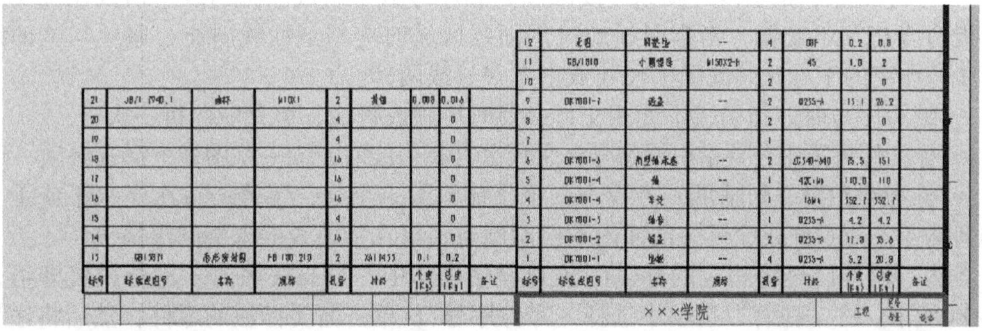

图 9-92 拖动明细表

9.7.5 尺寸标注

装配图的尺寸标注主要包括以下五类尺寸：

1）规格尺寸：表示机器或部件性能和规格的尺寸，通常是设计时确定的尺寸。

2）装配尺寸：与装配体质量有关的尺寸，包括配合尺寸和相对位置尺寸。配合尺寸表示两个零件之间配合性质的尺寸，而相对位置尺寸表示相关联的零件或部件之间较重要的尺寸。

3）安装尺寸：将装配体安装到其他部件或地基上时，与安装有关的尺寸。

4）外形尺寸：表示装配体的总长、总宽和总高的尺寸，为装配体在包装、运输、安装时所需的尺寸。

5）其他重要尺寸：对实现装配体的功能有重要意义的零件结构尺寸或者表示运动件运动范围的极限尺寸。

装配图尺寸标注如图 9-93 所示。由于尺寸标注在前几个情景已经有详尽描述，这里就不再赘述。

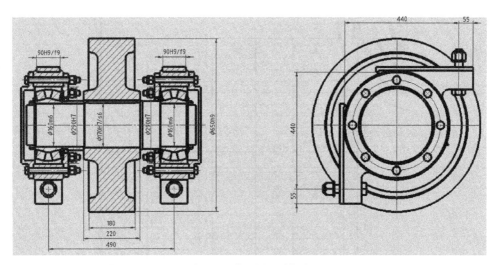

图 9-93　装配图尺寸标注

9.7.6 零件序号标注

零件序号编写规则如下：

1）装配图中每种零件或组件都要编写序号；形状、尺寸完全相同的零件只编一个序号，数量填写在明细栏内；形状相同而尺寸不同的零件，要分别编号。

2）序号由点、指引线、横线（或圆圈）和序号数字组成。指引线、横线用细实线画出，指引线相互不交错，当指引线通过剖面线区域时应与剖面线斜交，避免与剖面线平行。序号数字的字号比装配图中尺寸数字大一号或两号。

3）编写序号时，指引线不能相交，必要时可画成折线，但只能曲折一次。

4）标准件可采用公共指引线编号：采用公共指引线时，同一张图样上形式必须一致。

5）标准化组件（如轴承）可看为一个整体只编一个号；编号应按次序水平或垂直方向排列整齐；薄零件或涂黑的剖面内不便画圆点，可在指引线的末端画出箭头。

当然，软件已经将相应的标注固化到程序操作中，只要按照要求进行设置即可，如图 9-94 所示。在"注释"选项中选择"零件序号"，单击需要标注的零件，然后将序号数字放置在合适的位置即可。

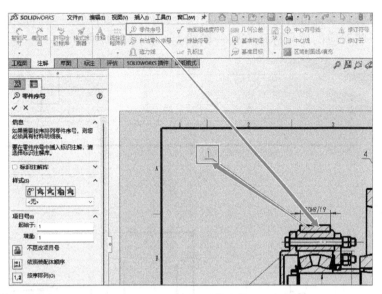

图 9-94　添加零件序号

对于标准件，可采用公共指引线进行标注，如图 9-95 所示。在 SOLIDWORKS 软件中称为成组序号，但是不在常用命令处。此时，可按照图 9-96 所示添加成组序号，首先右击菜单栏空白处，选择"自定义"，在"命令"选项中找到"成组序号"，然后左键选中将其拖动到标题栏空白处即可。

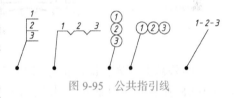

图 9-95　公共指引线

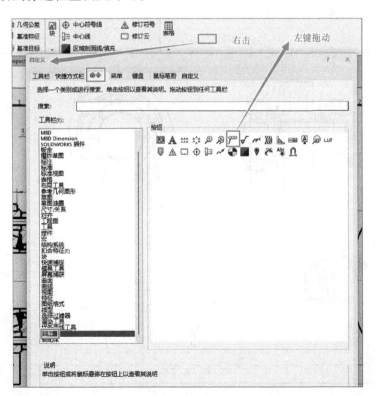

图 9-96　添加成组序号

标注螺栓、螺母等标准件组时，选中第一个螺栓，放置位置，然后选中弹簧垫圈、螺母和锁紧螺母，将对应的序号标注在同一横线上，如图9-97所示。

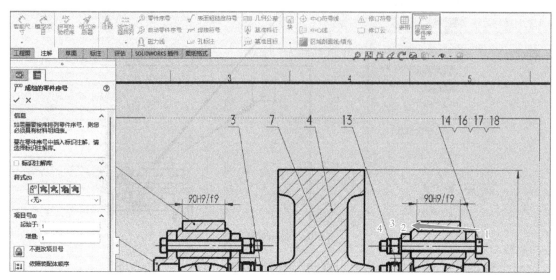

图 9-97   成组序号标注

序号横纵对齐，即保证序号数字在同一水平线或者纵向线上，使得图面更加美观，如图9-98所示。可以通过双击编辑明细表，如图9-99所示，但是双击会导致零件与属性断开链接，如果模型调整，填写好的属性容易丢失，从而增加工作量。最好的办法是在Toolbox零件库编辑各零件的属性。

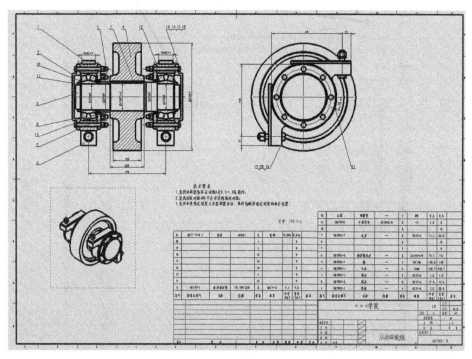

图 9-98   从动轮装配图

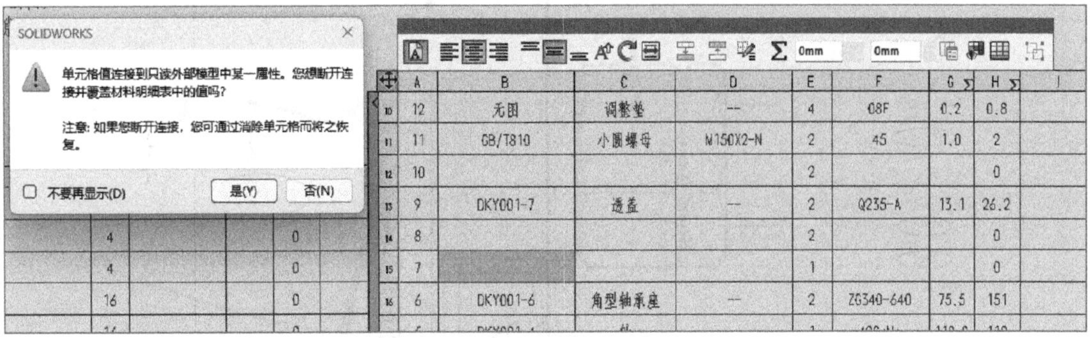

图 9-99　编辑明细表

9.7.7　调整剖面线

由于系统默认的剖面线是与零部件的材质有关，但是按照制图国家标准，相邻零部件的剖面线应成一定角度，或者通过调整平行线的间距来区分。因此这里对前述的剖视图进行局部调整修改。

以调整垫板为例，按照图 9-100 所示步骤进行修改，首先选中需要更改的剖面位置，在弹出的"断开的剖视图"属性框中取消勾选"材质剖面线"，更改角度为 90°，或者更改图样比例，就可以实现单个零部件的剖面线的修改。

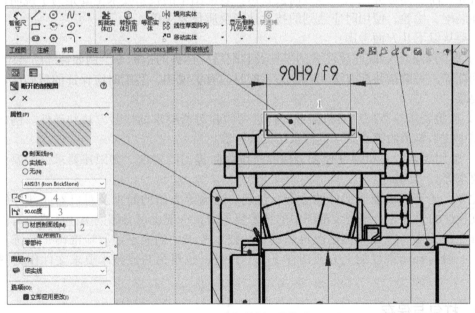

图 9-100　零部件剖面线修改

SOLIDWORKS 软件中提供的标准库，其材料和剖面线都是默认的，因此使用时应做相应的修改，这里以轴承为例进行说明。如图 9-101 所示，选中轴承圆柱滚子，然后在弹出的"断开的剖视图"属性框中，应用到选择"实体"，取消勾选"材质剖面线"，属性选择"无"。这样轴承的内外圈就不会受设置的影响。其余零部件的设置参照此方法操作。

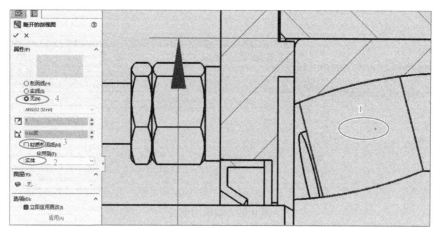

图 9-101   实体剖面线修改

9.7.8   技术要求

技术要求是机械制图中对零件加工提出的技术性内容与要求。根据机械制图国家标准，不能在图形中表达清楚的其他制造要求，应在技术要求中用文字描述完全。装配图中需要用文字或符号说明与机器或部件有关的性能、装配、检验、安装、调试和使用等方面的特殊要求。在装配图中，我们经常对装配体如何保证其装配尺寸，采用何种装配方法等技术要求感到为难。到底该如何表达装配体的技术要求呢？

首先，需要知道应该从哪些方面去表达。装配图中的技术要求主要是为了说明机器或部件在装配、检验、使用时应达到的技术性能及质量要求等。

主要从以下几方面考虑：

1）装配要求。装配时要注意的事项及装配后应达到的指标等。例如特殊的装配方法、装配间隙等。一般指装配方法和顺序，装配时的有关说明，装配时应保证的精确度、密封性等要求。

2）检验要求。装配后对机器或部件进行验收时所要求的检验方法和条件。例如球阀装配图中技术要求的第 2 条"进行水压试验"等。

3）使用要求。对机器在使用、保养、维修时提出的要求，如限速要求、限温要求及绝缘要求等。

此外，还有对机器或部件的涂饰、包装、运输等方面的要求及对机器或部件的通用性、互换性的要求等。编制装配图中的技术要求时，一般也可参阅同类产品或原有的老产品图样中的要求，根据具体情况再做确定。技术要求中的文字注写应准确、简练、条理清楚，一般写在明细栏的上方或图样下方空白处，也可另写成技术要求文件作为图样的附件。

9.7.9   打包与保存

打包功能能够将整个模型相关联的装配体、零部件、工程图、模拟结果等打包到一个文件夹，可以避免三维模型丢失、图样更新失败等情况。如图 9-102 所示，在"文件"菜单栏中选择"Park and Go"进行打包。在弹出的对话框中选择需要打包的内容，如包括工程图、包括 Toolbox 零部件、包括模拟结果等，然后选中"保存到 Zip 文件"，选择保存路径，单击"保存"即可，如图 9-103 所示。

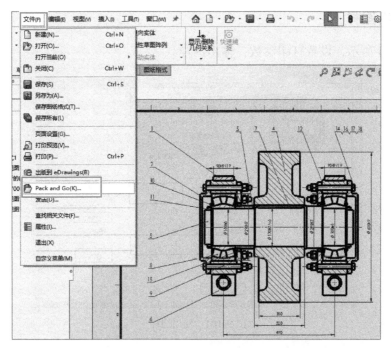

图 9-102　进行打包

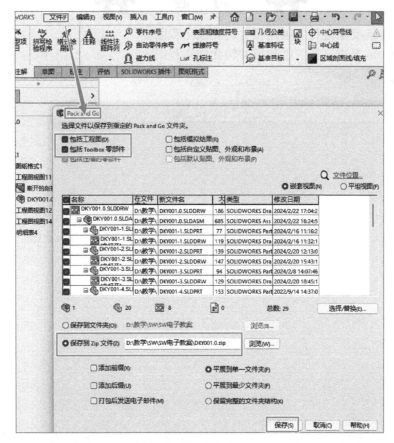

图 9-103　打包设置

9.7.10 输出图样

如图 9-104 所示，设置打印参数，输出图样。

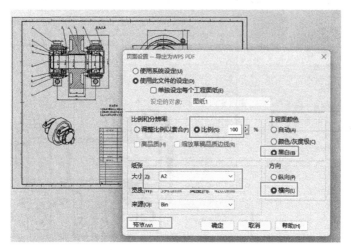

图 9-104 输出图样

习 题

根据图 9-105 要求进行三维建模并转化成工程图。
根据图 9-106 要求进行三维建模并转化成工程图。

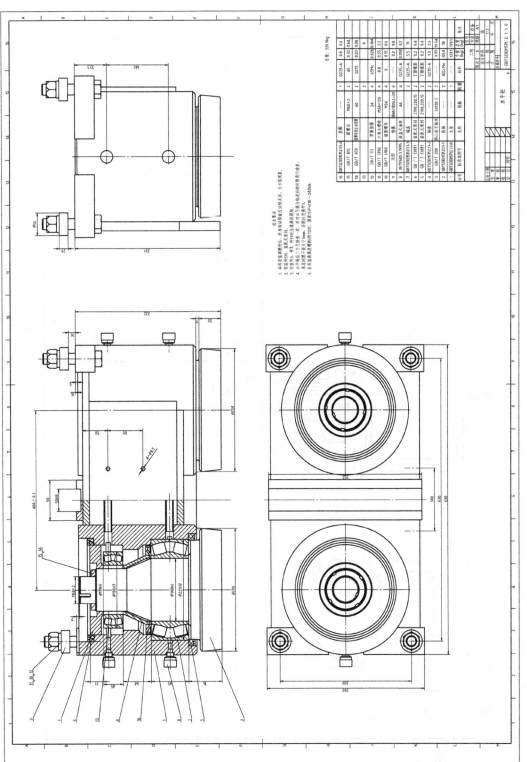

图 9-105　水平轮装配图

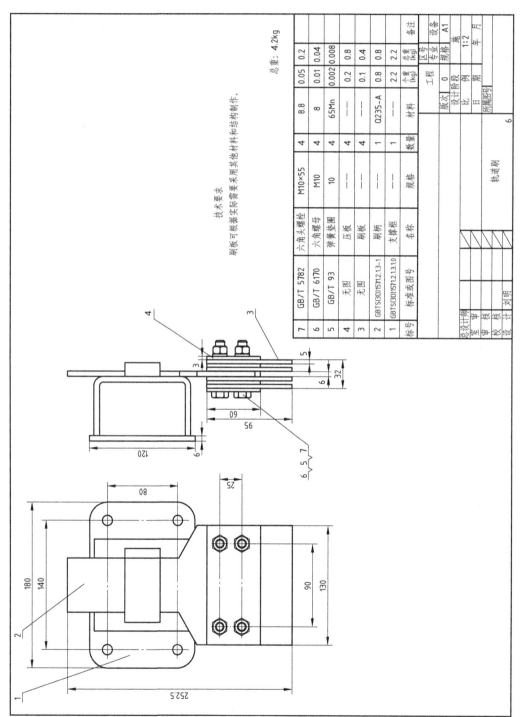

技术要求

刷板可根据实际需要采用其他材料和结构制作。

总重：4.2kg

标号	标准或图号	名称	规格	数量	材料	个重(kg)	总重(kg)	备注
7	GB/T 5782	六角头螺栓	M10×55	4	8.8	0.05	0.2	
6	GB/T 6170	六角螺母	M10	4	8	0.01	0.04	
5	GB/T 93	弹簧垫圈	10	4	65Mn	0.002	0.008	
4	无图	压板	——	4	——	0.2	0.8	
3	无图	刷板	——	4	——	0.1	0.4	
2	GBTSJ3DJ1571.2.13-1	刷柄	——	1	Q235-A	0.8	0.8	
1	GBTSJ3DJ1571.2.13.10	支撑框	——	1	——	2.2	2.2	

工程			区号	专业	设备
					A1
版次	0	设计阶段	施		
比		例	1:2	规格	
日		期	年 月		
所属图号					

6

总设计师					
室审					轨道刷
审核					
校 对					
设 计	刘明				

轨道刷装配图

图 9-106 轨道刷装配图

第二部分

进阶部分

焊接件设计

焊接为制造业中的一种重要的加工方法，广泛应用于航空、航天、冶金、石油、汽车制造以及国防等领域。在焊接产品中，焊缝质量的好坏直接影响产品的使用寿命，所以，在生产过程中必须严格按照设计要求控制焊缝尺寸，以及严格控制各类缺陷的产生。测量焊缝表面尺寸及评定表面焊缝缺陷时，目测检测法由于具有灵活性强、操作方便等优点，因而成为是工业生产检测中最常用的方法之一。目前，目测检测法测量焊缝尺寸时，通常采用放大镜、直尺、咬边测量器等工具进行测量；缺陷评定时，则需要评级人员具有较强的专业知识及丰富的工作经验。同时，目测检测过程中，工作人员易受到工作量大、工作环境不佳、知识认知差异等因素的影响，造成结果准确性下降。因此，目测检测法测量结果很难保证结果的规范性、客观性和科学性。因而，如何减少上述因素的对最终结果的影响，成为焊接工作者近年来研究的热点课题之一。近年来，随着计算机、自动化以及模式识别等技术取得的进步，也给焊缝检测带来了新的发展动力。

焊接接头形式有对接接头、T 字接头、角接接头和搭接接头四种。焊接工件接头的对缝尺寸由焊件的接头形式、焊件厚度和坡口形式决定。电工自行操作的焊接通常是角钢和扁钢，一般不开坡口，对缝尺寸是 0 ~ 2mm。焊接方式分为平焊、立焊、横焊和仰焊四种。应根据焊接工件的结构、形状、体积和所处位置的不同选择不同的焊接方式。

平焊时，焊缝处于水平位置，操作技术容易掌握，采用焊条直径可大些，生产效率高，但容易出现熔渣和铁液分不清的现象。焊接所用的运条方法均成直线形，焊件若需两面焊，焊接正面焊缝时，运条速度要慢些，以获得较大的深度和宽度；焊反面焊缝时，则运条速度要快些，使焊缝宽度小些。

立焊和横焊时，由于熔化的金属自重下淌，易产生未焊透和焊瘤等缺陷，所以要用较小直径的焊条和较短的电弧焊接。焊接电流要比平焊时小 12%。

仰焊操作难度高，焊接时要采用较小直径的焊条，用最短的电弧焊接。

焊接件设计原则如下：

1. 几何连续性原则

1）应避免在几何突变处设置焊缝，因为这里应力集中，如果不能避免，则应设定过渡结构。

2）焊缝连接的两侧板厚不一致，不能保证几何形状的连续性时，应设定过渡结构。

2.避免焊缝重叠原则

1）多条焊缝交汇处刚性大，结构翘曲严重会加大焊缝内应力。

2）结构多次过热会导致材料性能下降，应避免。

避免焊缝重叠的措施有三个：①加辅助结构；②切除部分；③焊缝错开。

3.考虑焊缝根部优先受压原则

焊缝根部优先受压力，焊缝根部有裂纹，易产生缺口，承受拉载荷能力小于承受压载荷能力。

4.避免铆接式结构原则

铆接式结构通常用衬板搭接形式，焊缝多、费材料、造价高，且导致力流转折，提高了焊缝处的应力水平。

5.避免尖角原则

焊接处尖角定位困难，且尖角热熔体太小，尖角易被熔化。

6.便于焊接前后的处理操作和检测原则

焊接件结构的设计应便于焊接前后的处理、焊接的操作和检测。

1）有足够大的操作空间。

2）焊接时易于定位，易于操作，电极不会和周围的板粘结。

3）焊接后便于检查。

7.对接焊缝强度大及动载荷设计原则

对接焊缝强度较大，有动载荷时优先采用。

8.焊接区柔性原则

焊接时的热变形在冷却后不能完全消除，会产生残余变形，引起热应力。解决措施如下：

1）采用热处理工艺降低热应力。

2）降低焊接区周围的刚性，从根本上减少内应力的产生。

SOLIDWORKS 软件对于焊接件具有强大的功能，很多焊接标准及要求已经固化到程序中，因此设计者只要掌握设计基本规则就可以。

操作技能点

焊件制作、加强筋（角支撑）、结构件制作、焊接切割清单、转换实体引用、剪裁实体、线性阵列、圆周阵列、焊接工程图、零件设计。

❖ 10.1　焊接支座的设计

支座具有固定和支撑功能，工程中比较常见，主要有焊接和铸造两种类型，本情景主要介绍焊接支座的相关知识点。图 10-1 所示为焊接支座的设计图。在自制的模板中，已经单独列出了三维焊接模板。如果还没有此模板，可以通过三维零件进行建模，下面将进行详细介绍。

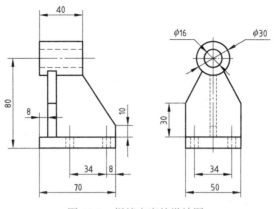

图 10-1　焊接支座的设计图

10.1.1　底板

从三维零件模板进入后，需要在"插入"菜单栏中选择"焊件"下的 _{焊件}，如图 10-2 所示，就进入焊接环境，这样模型与模型之间默认就不会合并，此时在设计树处就出现了"焊件"，如图 10-3 所示。

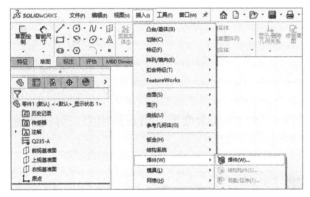

图 10-2　插入焊件

图 10-3　焊件标志

接下来就是绘制底板，与前述内容一样，这里就简要介绍。选择上视基准面，垫板边线中点与坐标原点重合，并标注尺寸，如图 10-4 所示，拉伸厚度为 10mm。

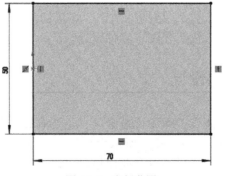

图 10-4　底板草图

10.1.2 套筒支座

以底板侧面为基准面绘制套筒支座，如图 10-5 所示，圆心与坐标原点垂直，这样就完全约束，拉伸长度为 40mm，如果发现方向反了，则应选择反向。

10.1.3 立板

仍然以底板侧面为基准面进行草图绘制，如图 10-6 所示。这里需要添加中心线，选择"转换实体引用"图标 <img>，引用支座外圆，同时单击"剪裁实体"图标 <img>，将多余的部分剪裁掉。锥度为 55°，其余约束和尺寸标注好后，图形完全约束。立板拉伸如图 10-7 所示。

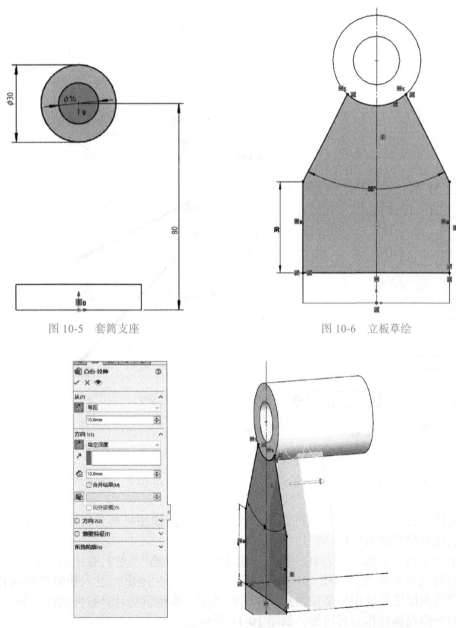

图 10-5　套筒支座　　　　　　　　图 10-6　立板草绘

图 10-7　立板拉伸

10.1.4　加强筋 / 肋

在结构设计过程中，可能出现结构体悬出面过大，或跨度过大的情况，由于结构件本身的连接面能承受的负荷有限，因此在两结合体的公共垂直面上增加一块加强板，俗称加强筋 / 肋，以增加接合面的强度。其作用是在不加大制品壁厚的条件下，增强制品的强度和刚性，以节约材料用量，减轻重量，降低成本，可克服因制品壁厚差别引起的应力不均所造成的制品歪扭变形。软件中有两种操作特征，焊件选择"角撑板"，非焊件选择"筋" 🔧 。

首先介绍角撑板，角撑板位于"插入"→"焊件"→"角撑板"，如图 10-8 所示。然后选择两个需要添加角撑板的面，如图 10-9 所示，设置角撑板的尺寸 $d1$、$d2$、$d3$、$d4$，以及角撑板的厚度，默认是居中，当然可根据实际情况再调整。应注意的是，这里是针对焊件环境下的零件添加角撑板，也就是两个面并没有合并成一个实体，它们分别是两个实体的面。而筋则要求是一个独立体，否则选不上的同时会报错。接下来介绍筋的操作。

图 10-8　插入角撑板

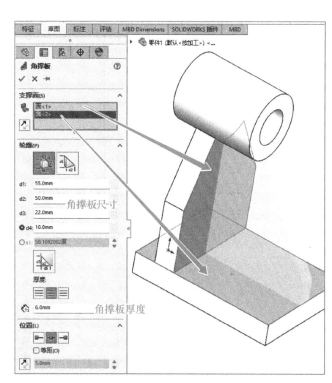

图 10-9　添加角撑板

筋是指通过在一个或多个草图轮廓和现有零件之间添加材料为实体来添加薄壁支撑，也可以创建带拔模的筋特征。

选中"前视基准面"后，在"特征"选项中选中"筋"，然后在中间平面（前视基准面）绘制筋的外轮廓线，如图 10-10 所示。草绘约束完后退出，进入筋的参数设置界面，主要设置筋的厚度是居中还是往两侧，单击 ✅ 确定，系统自动计算拉伸到的边界。焊接支座选择两个面及圆柱作为其边界，如图 10-11 所示。

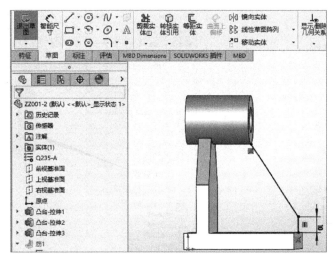

图 10-10　筋的草绘

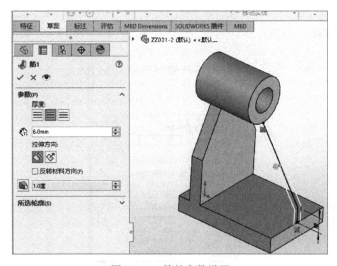

图 10-11　筋的参数设置

10.1.5　焊件切割清单

　　焊件切割清单是 SOLIDWORKS 设计树中将零件的相同实体组合在一起的项目，它主要在具有焊件或钣金特征的零件设计树上使用，可以方便设计师进行材料的切割和焊接。焊接清单需要设置"更新"或者"自动更新"（见图 10-12），更新完会将相同的实体合并在一起，以不同的项目形式体现，项目后面括号中的数字代表这个项目实体的数量，如图 10-13 所示，从清单中可以看出有 4 种零件，每种零件都只有 1 件。如果不更新，切割清单就只有一个项目。

　　切割清单可以根据要求自定义，与材料明细清单一样，或者与零件 / 部件的属性一样。在切割清单中任意选中一个项目右击，在快捷菜单中选择"属性"，如图 10-14 所示。此时出现图 10-15 所示对话框，可以编辑、定义相应属性。在编辑清单处可以增加或删除相应属性。编辑后的属性如图 10-16 所示，如果不是硬性要求，此清单越简单，设计制图的效率越高。

图 10-12　切割清单更新

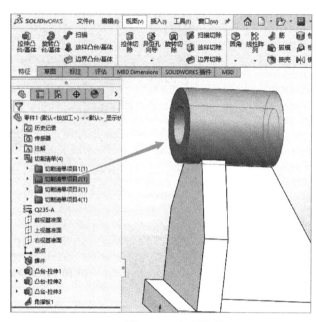

图 10-13　切割清单

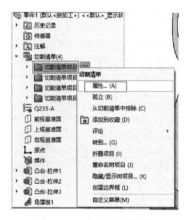

图 10-14　切割清单属性

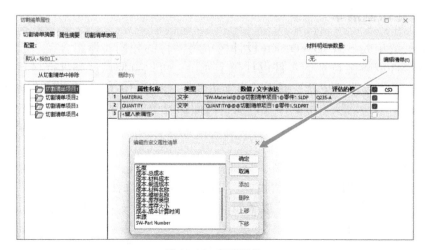

图 10-15　新增属性

		属性名称	类型	数值 / 文字表达	评估的值
	1	MATERIAL	文字	"SW-Material@@@切割清单项目1@零件1.SLDP	Q235-A
	2	QUANTITY	文字	"QUANTITY@@@切割清单项目1@零件1.SLDPRT"	1
	3	名称	文字	底板	底板
	4	图号	文字	无图	无图
	5	规格	文字	10X50X70	10X50X70

（"从切割清单中排除"　"删除(D)"　切割清单项目1　切割清单项目2　切割清单项目3　切割清单项目4）

图 10-16　编辑后的属性

10.1.6　线性阵列

底板需要螺栓固定，考虑安装 M6 的螺栓，因此需要开 4 个 $\phi7mm$ 的孔。选择底板上表面作为孔的草绘基准面，如图 10-17 所示。绘制草图并定位约束，拉伸切除，产生第一个螺栓孔，然后阵列其余 3 个。

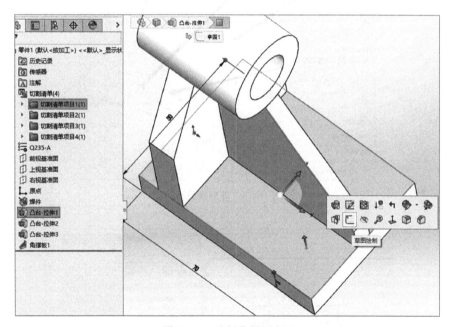

图 10-17　选择草图基准面

线性阵列时，需要选择特征面或实体，同时要选定参考方向，如边线。如图 10-18 所示，在"特征"选项中选择"线性阵列"，然后选择和设置参数，即可阵列螺纹孔。

10.1.7　支座工程图

新建工程图时，图纸选择部件 A4 纵向格式，在右侧视图调色板中选择需要布置的视图，拖到图纸中即可生成三视图，如图 10-19 所示。

给图样标注上相应尺寸，在"注解"选项的"表格"下拉菜单中选择"焊件切割清单"，即可看到像装配体中材料明细表一样的内容（仅添加了底板名称和其规格，其余参数参照补充完整）。有了焊件切割清单，也可以给每个零件标注序号，同时可以添加焊件技术要求。这样一个完整的焊接支座工程图就完成了，如图 10-20 所示。焊接件也可认为是一个部件，而不是零件。

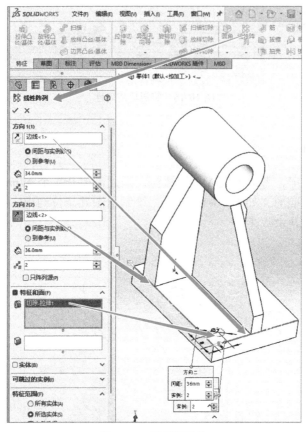

图 10-18　阵列螺纹孔

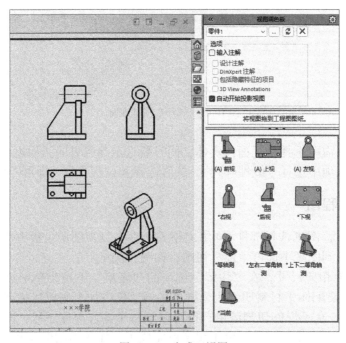

图 10-19　生成三视图

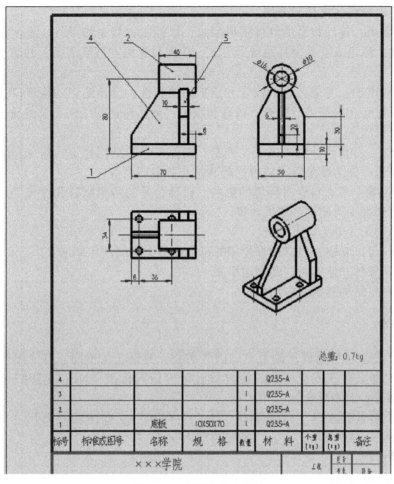

图 10-20　焊接支座工程图

◈◆10.2　料仓的设计

料仓属于常压容器，在工程中非常常见，主要用于盛装固体物料。

料仓设计主要考虑以下几个方面：

1）容量和尺寸：根据物料的存储需求和使用频率，确定料仓的容量和尺寸。考虑物料的密度、流动性和堆积角度等因素，确保料仓能够容纳足够的物料，并方便出料和维护。

2）材料选择：选择适合物料特性的材料来构建料仓。根据物料的性质，如粉状、颗粒状，选择合适的材料，如钢、不锈钢或塑料等。还要考虑物料的腐蚀性、黏附性和耐磨性等特性。

3）料仓结构：设计料仓的结构以确保其稳定性和强度。考虑料仓的支撑方式、壁厚、加固结构和排放口的位置等因素。合理设计料仓的壁面倾斜角度，以促进物料的流动和排放。

4）排放和出料：设计合适的排放和出料装置，以确保物料的顺利出料。考虑使用振动器、传送带、滑槽或气流等方式来促进物料的流动和排放。确保排放口的尺寸和位置合适，以便于控制物料的流量和方向。

5）气体通风：设计料仓的气体通风系统，以控制物料中的湿气、温度和气味等。考虑使用通风孔、风扇或空气循环系统等方式，确保料仓内的气氛清新，并防止物料受潮或发生变质。

6）操作和维护：考虑料仓的操作和维护的便利性。设计适当的检修口、清洁口和观察窗，以便于对料仓内部进行检查、清理和维护。确保料仓的结构和设备易于操作，并提供必要的安全措施。

7）安全性：料仓设计应考虑安全因素。确保料仓的结构稳定、耐压和防火，并采取适当的安全措施，如防爆装置、防滑措施和防止静电积聚等。

8）环境影响：考虑料仓对环境的影响。设计合适的防尘措施和废气处理系统，以减少物料的散落和减少对周围环境的污染。

料仓按结构形式分为以下几类：

1）矩形：可以联壁，当群体仓使用时可以使整个空间利用率增大。

2）圆形：单体仓使用时空间利用率高。

3）多边形：结构复杂，应用较少。

10.2.1 仓体

仓体设计是整个料仓设计的重点，因为需要计算料仓的壁厚。壁太厚浪费材料、成本增加，壁太薄又存在安全隐患，因此设计时应按照标准《NB/T 47003.2—2022 常压容器　第 2 部分：固体料仓》。

仓类零件多数是在施工现场焊接，因此为焊接件。仓体的外形尺寸如图 10-21 所示，直径为 ϕ6m，直筒段高为 8m，锥段角度为 60°。新建零件时，选择 "三维焊件"，如图 10-22 所示。

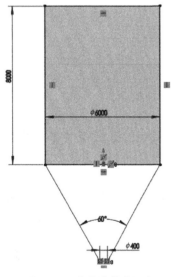

图 10-21　仓体的外形尺寸

图 10-22　新建三维焊件

选择上视基准面绘制直径为 ϕ6m 的圆，拉伸选择上部为 2m，下部为 1m，薄壁特征，厚度为 8mm，厚度方向向内，相当于直筒段外径为 ϕ6m，如图 10-23 所示。

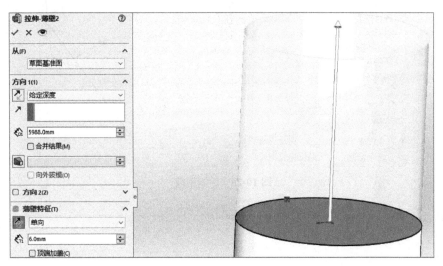

图 10-23　绘制第一段直筒段

第二段直筒段需要在第一段直筒段的基础上绘制，选择第一段的上表面为绘制基准面，然后选择外圈进行实体转换，得到圆。这样当第一段直筒段外径修改时，第二段直筒段外径会自动修改。单向拉伸为 5988mm，薄壁特征，厚度为 6mm，厚度方向向内，如图 10-24 所示。

图 10-24　绘制第二段直筒段

绘制锥段时，选择前视基准面作为草绘平面，锥段起始于坐标原点水平处，半角为 30°，出料口为 ϕ400mm，添加中心线，如图 10-25 所示。选择旋转实体，选择薄壁特征，厚度为 8mm，如图 10-26 所示。

增加顶部加强圈。顶部加强圈一般选用角钢进行加固，同时与仓盖进行焊接。考虑到焊缝位置，角钢面要与直筒段顶部有一个错位，因此需要增加基准面。选中直筒段顶部平面，然后选择"参考几何"中的"基准面"，平移量为 6mm，这样基准面完全定义，如图 10-27 所示。

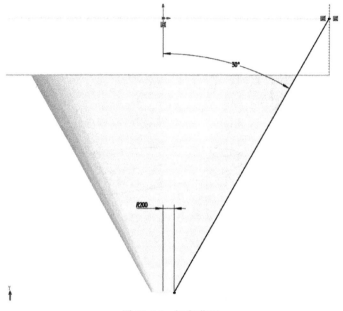

图 10-25　锥段草图

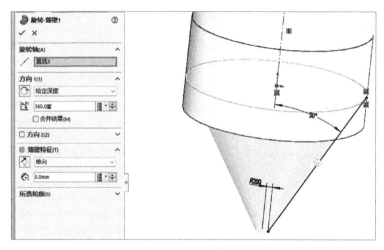

图 10-26　绘制锥段

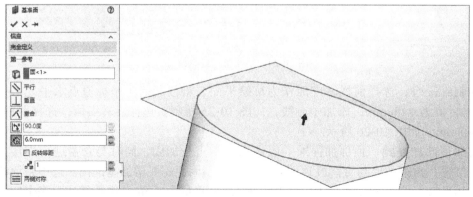

图 10-27　角钢基准面

在新建的基准面上绘制一个圆，以直筒段上部外圆进行实体转换，由于是一个封闭的圆，不能进行结构件操作，因此需要添加两根中心线进行辅助，将圆切断一个缺口，足够小就可以，如图 10-28 所示，草图绘制好后，退出草图。选择"插入"→"焊接"→"结构构件"，出现图 10-29 所示界面，选择标准、类型和大小，参照图样，选择等边角钢 50×6。

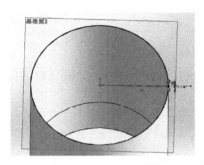

图 10-28　有缺口的圆

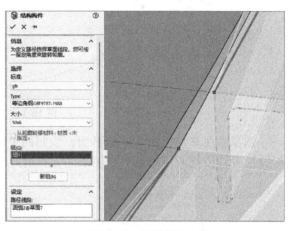

图 10-29　选择等边角钢

支座的作用是支撑设备，固定其位置。不同的容器可采用不同类型的支座。大中型的卧式容器常用鞍式支座，大型的塔式容器常用裙式支座，小型容器常用支撑式支座、耳式支座和腿式支座等，球形容器可采用柱式支座、裙式支座、半埋式支座及高架式支座等。裙式支座是立式支座的一种，用来支撑高大的直立设备。塔设备通常采用裙式支座支撑。裙式支座简称裙座，主要由基础环、螺栓座和裙座圈组成。裙座圈上开有入孔、工艺管线引出孔和排气孔。料仓类容器由于是常温设备，所以裙座圈没有开孔，相对简易一些。先绘制基础环，选择直筒段最底面作为基准面进行草图绘制，圆环外径为 $\phi7000\text{mm}$，内径为 $\phi5700\text{mm}$，拉伸厚度为 10mm，如图 10-30 所示。再绘制裙座圈，半径为 $R3250\text{mm}$，厚度为 8mm，定位高度为 1200mm，如图 10-31 所示。

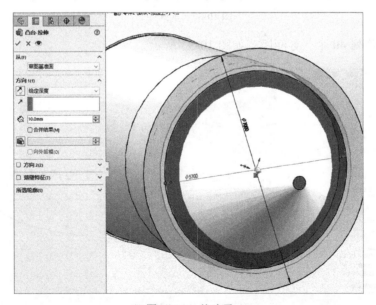

图 10-30　基础环

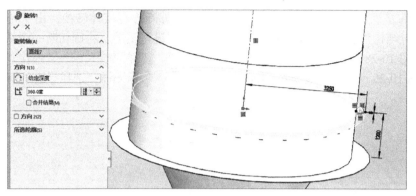

图 10-31　裙座圈

选择前视基准面作为草绘平面，绘制两个圈板间的加强筋，直角处倒角 C20，以让开焊缝位置，拉伸两侧对称，如图 10-32 所示。

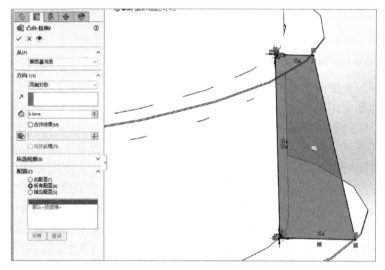

图 10-32　加强筋

然后旋转阵列 40 个，等间距，如图 10-33 所示。

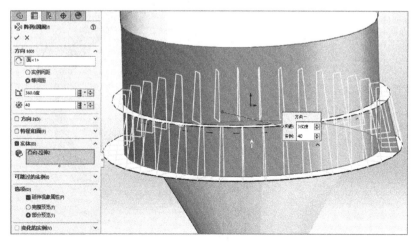

图 10-33　外加强筋阵列

　　同理，添加内测的加强筋，高度为 750mm，其余部分由现有约束确定，两侧对称拉伸 6mm，如图 10-34 所示，内加强筋阵列如图 10-35 所示。裙座圈根据安装的情况选择焊接或者螺栓连接，添加螺栓孔；同时底下出料口根据连接的排料阀尺寸进行设计，这里省略。

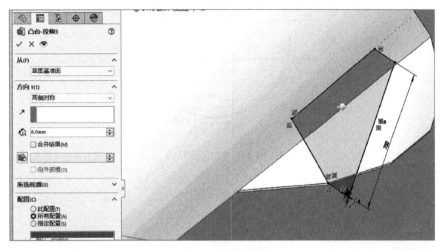

图 10-34　内加强筋

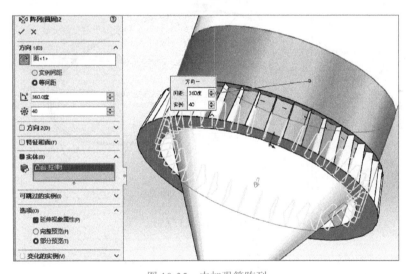

图 10-35　内加强筋阵列

10.2.2　仓盖

　　仓盖上有检修孔、排气孔及加料口等工艺接口，根据具体的工艺进行设计，这里重点考虑如何在仓盖上添加型钢。在角钢面上进行草绘，绘制如图 10-36 所示的"#"字结构。

　　然后添加结构件，选择工字钢，型号为 10，横向和纵向分为两组，同时通过"找出轮廓"使得起始点在槽钢顶部，如图 10-37 所示。然后用内圈来剪裁掉多余的部分，如图 10-38 所示，拉伸切除时，选择实体，分别选择长出来的工字钢，反侧切除，只保留圆内部分，去除圆外部分。

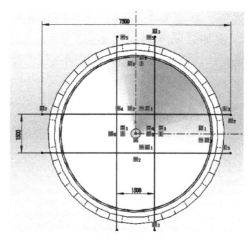

图 10-36　"#"字结构

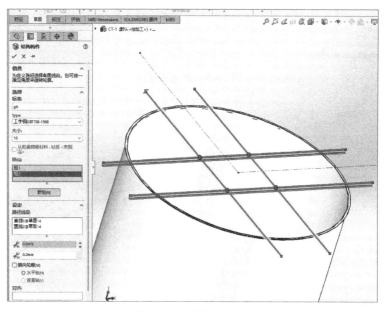

图 10-37　添加工字钢

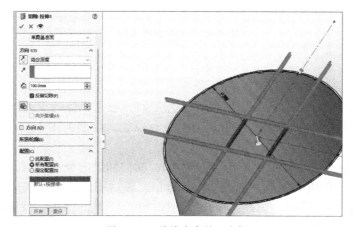

图 10-38　剪除多余的工字钢

　　然后选择工字钢上表面作为基准面，绘制 $\phi 6050$mm 的圆作为盖子，厚度为 6mm，如图 10-39 所示。盖子的厚度要考虑外加载荷、所处环境、是否有腐蚀等。

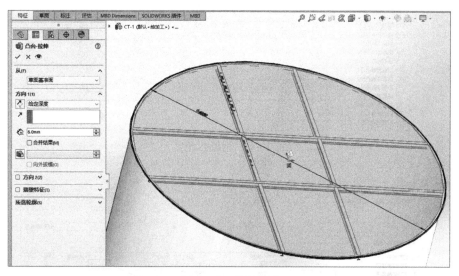

图 10-39　绘制盖子

10.2.3　焊接清单

　　从焊接切割清单可知，已经有零件 95 件，切割清单未更新前，直接列出了 95 件零件及其名称，如图 10-40 所示。右击选择"更新"后，只有 12 个项目。将相同的零件整合在一个项目中，如图 10-41 所示。接下来需要填写切割清单的详细内容。图 10-42 所示为钢板类属性，清单中的 $t8$ 表示钢板厚度为 8mm，如果需要，也可更加详细地给出长宽。图 10-43 所示为型钢类属性，软件自动计算出单件型钢的长度，也统计了同型号型钢总的长度。在此属性中，需要修改型钢的长度 L，以及填写数量超过 1 件的型钢总重。

图 10-40　切割清单更新前

图 10-41　切割清单更新后

图 10-42　钢板类属性

图 10-43　型钢类属性

10.2.4　工程图

对建好的三维零件添加属性，如图 10-44 所示。

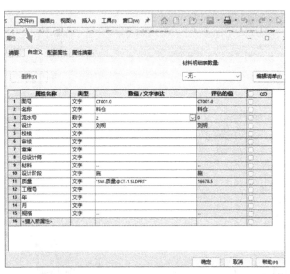

图 10-44　添加属性

　　新建工程图时，选择部件 A1 横向图纸格式。添加主视图，基于主视图增加辅助视图 A，并解除其与主视图的对齐关系，这样就可以任意放置辅助视图 A，如图 10-45 所示。主视图全剖，刚好剖到加强筋，按照制图标准，加强筋是不需要添加剖面的，因此这里还需要进一步处理。

　　去掉剖面线时，首先选中剖面线，此时会出现断开的剖视图，如图 10-46 所示，然后取消勾选"材质剖面线"，最后选中"无"，即可把剖面线去掉，同理操作其余三块加强筋。

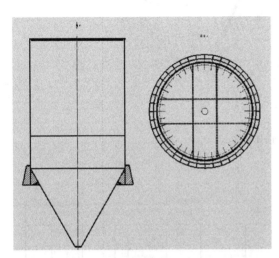

图 10-45　新建料仓工程图

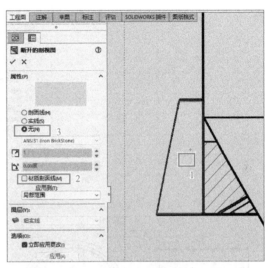

图 10-46　去掉加强筋剖面线

　　在焊接件工程图中，如何添加一块独立的加强筋视图呢？便于更加清晰的标注尺寸。如图 10-47 所示，选择"插入"→"工程图视图"→"模型"。在模型视图中，单击"下一步"→"选择实体"，如图 10-48 所示。在图 10-49 所示界面中选择外加强筋，最好选择前视基准面上的，这样在工程图中将正视于图面，内加强筋同理操作。内外加强筋的零件图如图 10-50 所示，各图的比例进行自定义，以表达清楚为原则。

图 10-47　插入模型

图 10-48　插入实体

　　接下来插入焊接切割清单，切割清单缺项应该在三维模型建立的时候进行填写补充。如图 10-51 所示，件 7 和件 8 显示"本图"，是指刚插入的两个内外加强筋，当然名称修改为内外加强筋更加准确些。件 9～件 11 的规格因文字过长换行了，这里可以调整字体大小，如图 10-52 所示。最后添加尺寸、局部视图、序号标注及技术要求等，同时为了标出型钢的序号，特意将盖板的中间部分进行剖切，如图 10-53 所示。料仓预览如图 10-54 所示。

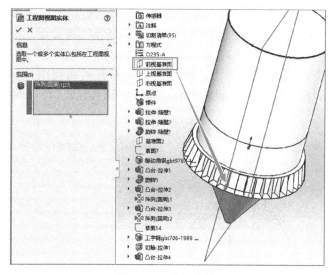

图 10-49　选择实体

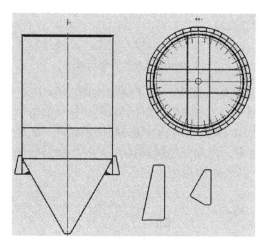

图 10-50　内外加强筋零件图

			总重：16678.5kg					
12	无图	钢板	t6	1	Q235-A	1354.0	1354.0	
11	GB/T 706	工字钢	100x68x4.5,L=5812	1	Q235-A	65.5	131.2	
10	GB/T 706	工字钢	100x68x4.5,L=1495.5	1	Q235-A	16.4	33	
9	GB/T 706	工字钢	100x68x4.5,L=2153	1	Q235-A	24.0	96	
8	本图	钢板	t6	40	Q235-A	10.8	432	
7	本图	钢板	t6	40	Q235-A	20.9	836	
6	无图	褥座板	t8	1	Q235-A	308.3	308.3	
5	无图	基础板	t10	1	Q235-A	1017.9	1017.9	
4	GB/T 9787	等边角钢	50x6,L=18953	1	Q235-A	84.3	84.3	
3	无图	钢板	t8	1	Q235-A	3508.9	3508.9	
2	无图	钢板	t8	1	Q235-A	5310.9	5310.9	
1	无图	钢板	t8	1	Q235-A	3546.9	3546.9	
标号	标准或图号	名称	规格	数量	材料	个重(kg)	总重(kg)	备注

图 10-51　焊接切割清单

	A	B	C	D	E	F	G	H	I
	12	无图	钢板	t6	1	Q235-A	1354.0	1354.0	
	11	GB/T 706	工字钢	100x68x4.5,L=5812	2	Q235-A	65.5	131.2	
	10	GB/T 706	工字钢	100x68x4.5,L=1495.5	2	Q235-A	16.4	33	
	9	GB/T 706	工字钢	100x68x4.5,L=2153	4	Q235-A	24.0	96	

图 10-52　调整字体大小

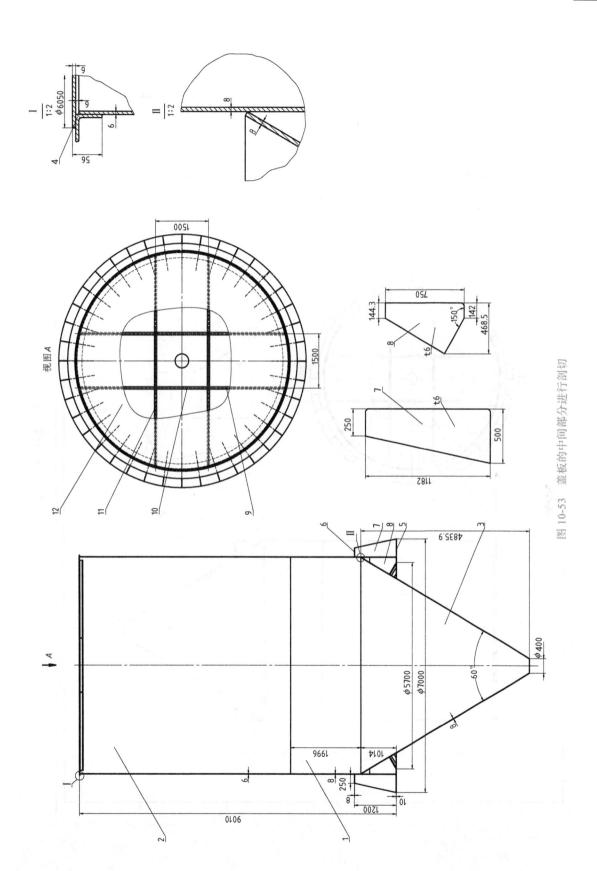

图 10-53　盖板的中间部分进行剖切

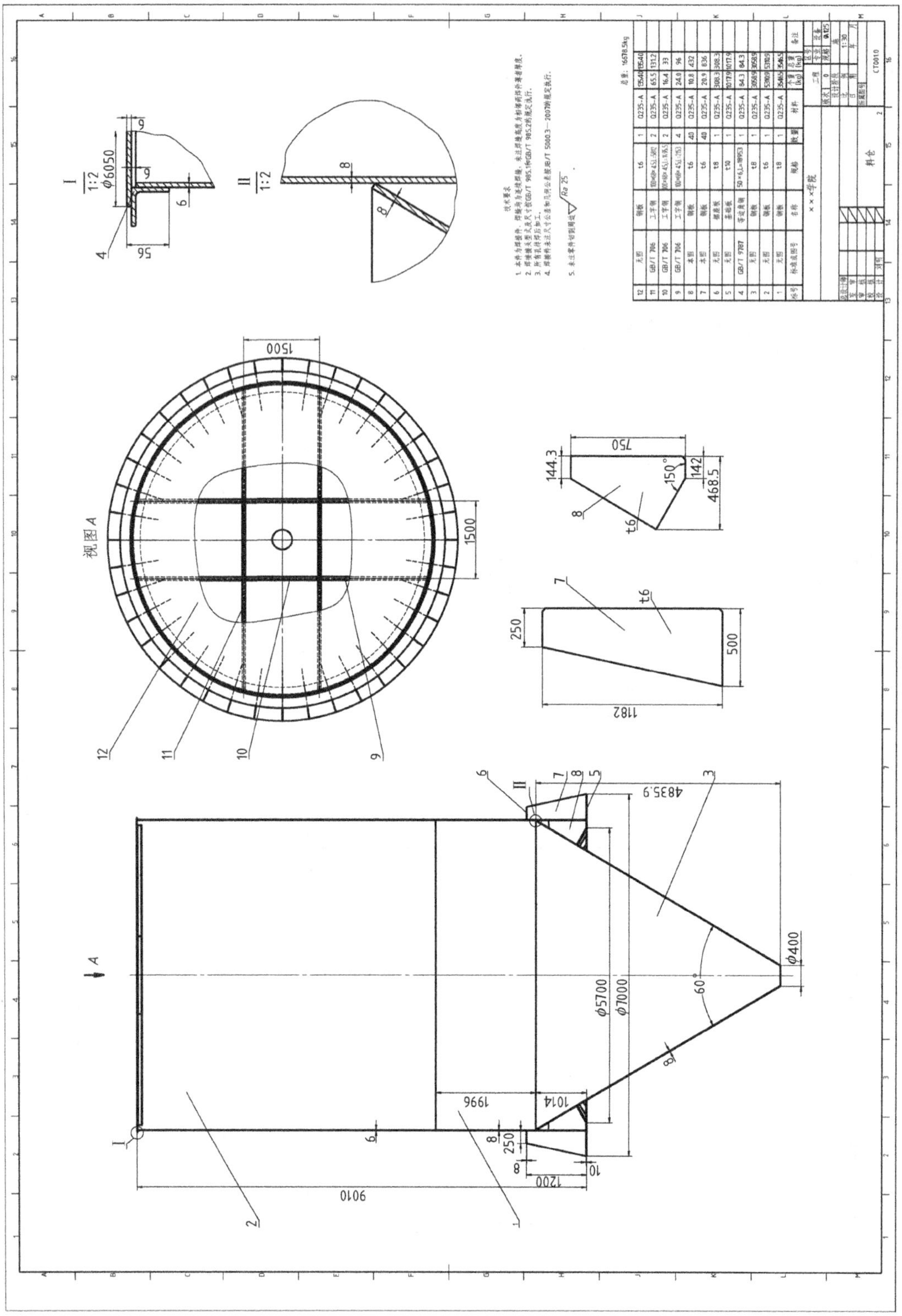

图10-54　料仓预览图

习　题

1. 根据图 10-55 所示要求进行三维建模并转化成工程图。

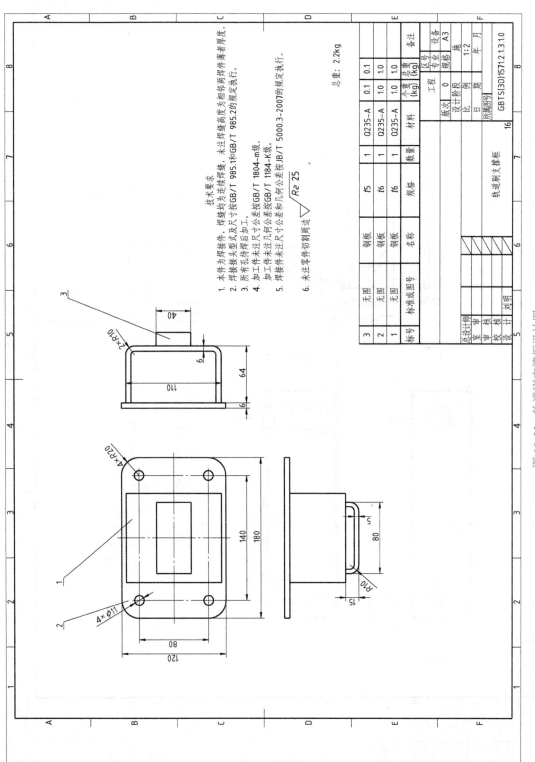

图 10-55　轨道刷支撑框设计图

2. 根据图 10-56 所示要求进行三维建模并转化成工程图。

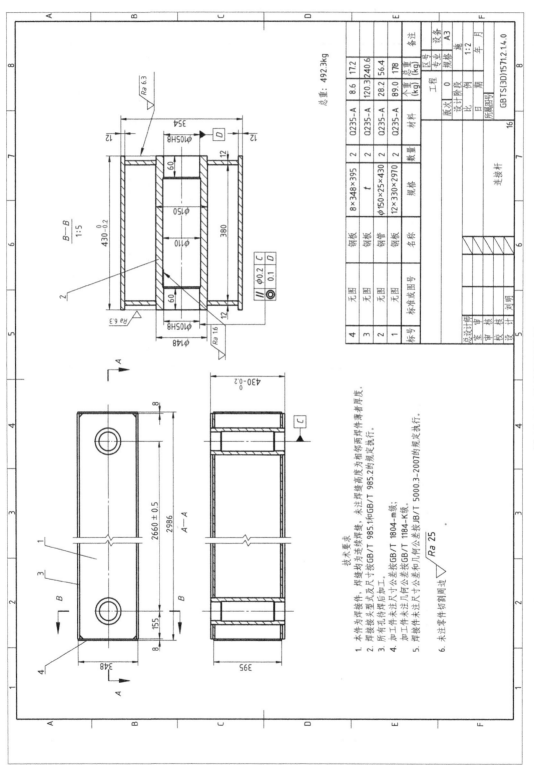

图 10-56 连接杆设计图

3. 根据图 10-57 所示要求进行三维建模并转化成工程图。

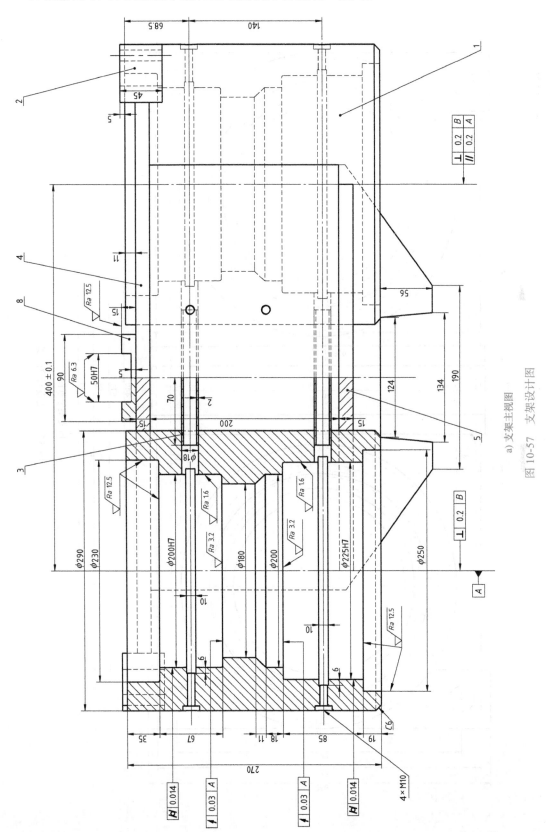

a) 支架主视图

图 10-57　支架设计图

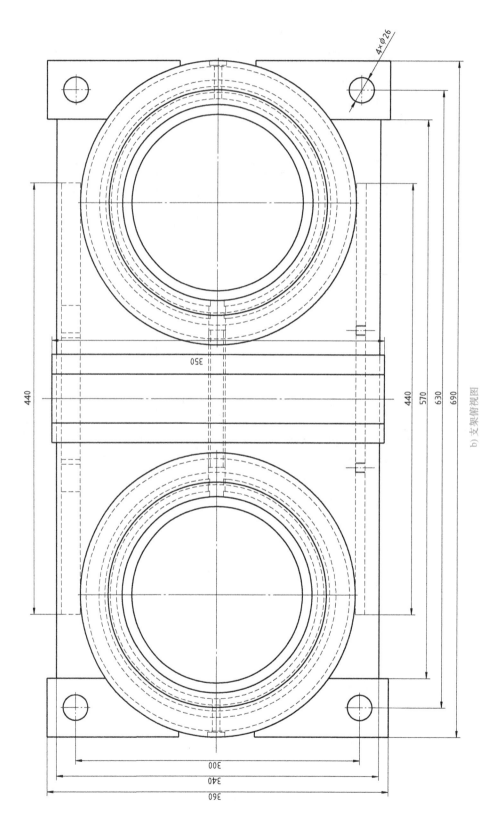

b) 支架俯视图

图 10-57 支架设计图（续）

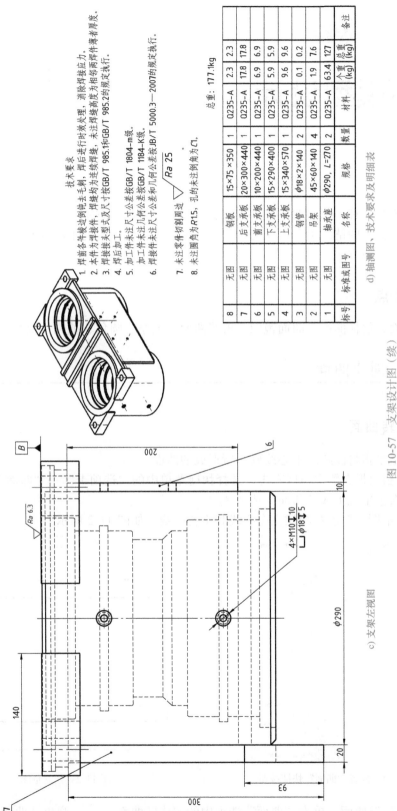

技术要求
1. 焊前将各牛接边倒钝去毛刺，焊后进行时效处理，消除焊接应力。
2. 本件为焊接件，焊缝均为连续焊缝，未注焊缝高度为相邻两焊件薄者厚度。
3. 焊接接头型式及尺寸按GB/T 985.1和GB/T 985.2的规定执行。
4. 焊后加工。
5. 加工件未注尺寸公差按GB/T 1804-m级。
   加工件未注几何公差按GB/T 1184-K级。
6. 焊接件未注尺寸公差和几何公差按JB/T 5000.3—2007的规定执行。
7. 未注零件切割周边 √Ra 25
8. 未注圆角为R15，孔的未注倒角为C1。

总重：177.1kg

标号	标准或图号	名称	规格	数量	材料	个重(kg)	总重(kg)	备注
8	无图	钢板	15×75×350	1	Q235-A	2.3	2.3	
7	无图	后支承板	20×300×440	1	Q235-A	17.8	17.8	
6	无图	前支承板	10×200×440	1	Q235-A	6.9	6.9	
5	无图	下支承板	15×290×400	1	Q235-A	5.9	5.9	
4	无图	上支承板	15×340×570	1	Q235-A	9.6	9.6	
3	无图	钢管	φ18×2×140	2	Q235-A	0.1	0.2	
2	无图	吊架	45×60×140	4	Q235-A	1.9	7.6	
1	无图	轴承座	φ290, L=270	2	Q235-A	63.4	127	

d) 轴测图、技术要求及明细表

c) 支架左视图

图10-57　支架设计图（续）

情景 11

曲面模型设计

曲面建模是一种使用高曲率控件创建和表示复杂形状的方法。通常，在难以使用实体模型创建特定特征的情况下，可以使用曲面模型作为替代。本情景以微波炉旋钮为例，介绍曲面建模的一般方法。

操 作 技 能 点

旋转曲面、放样曲面、曲面镜像、剪裁曲面、加厚、圆角、抽壳、投影曲线。

11.1 创建曲面

11.1.1 旋转曲面

旋转曲面是指将曲线绕中心线旋转所形成的曲面。

1）在控制面板右侧空白区右击，选择快捷菜单中的"选项卡"→"曲面"，如图 11-1 所示，控制面板中就生成"曲面"选项 曲面 。

2）建立草图。在前视图建立中心线和旋转曲线，如图 11-2 所示。

图 11-1　配置"曲面"快捷按钮

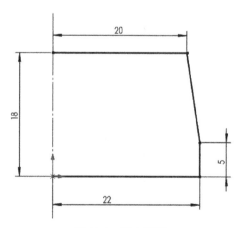

图 11-2　建立草图

3）生成旋转曲面。单击"曲面"选项中的"旋转曲面" ，弹出"曲面 – 旋转"属性框，系统根据草图特征自动生成旋转特征，如图 11-3 所示。系统默认中心线为旋转轴，用户也可以单击旋转轴 ∕ 后的选项框，选择中心线。

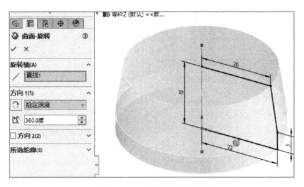

图 11-3　生成旋转特征

4）查看旋转特征截面。单击"剖面视图"图标 ，弹出"剖面视图"属性框，在剖面中选择"前视基准面"，其他参数默认，如图 11-4 所示，单击 ，可以看到旋转特征的截面为曲面，而非实体特征，如图 11-5 所示。再次单击"剖面视图"图标 ，退出剖视图状态。

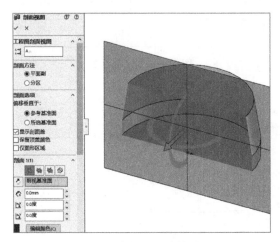

图 11-4　剖面视图参数设置

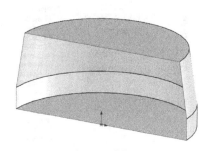

图 11-5　剖视图

11.1.2　放样曲面

放样曲面是指将两个或多个不同的轮廓通过引导线连接生成的曲面。

1）建立基准面。单击"曲面"选项中的"参考"，在弹出的列表中单击"就基准面"图标 ，弹出"基准面"属性框，第一参考选择"前视基准面"和"平行"，第二参考选择下端外圆面，建立基准面 1，如图 11-6 所示。用同样的方法在另一侧建立基准面 2，如图 11-7 所示。

2）建立轮廓。在基准面 1 上创建草图 2，如图 11-8 所示。

在基准面 2 上创建草图 3。单击"草图"选项中的"转换实体引用"，选择草图 2，如图 11-9 所示。单击 ，创建草图 3，如图 11-10 所示。

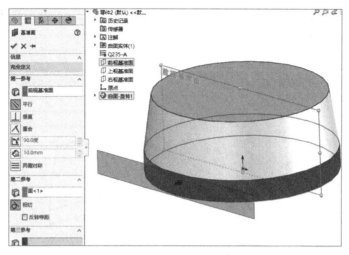

图 11-6　建立基准面 1

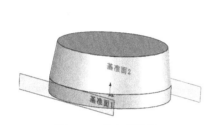

图 11-7　建立基准面 2

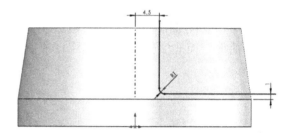

图 11-8　创建草图 2

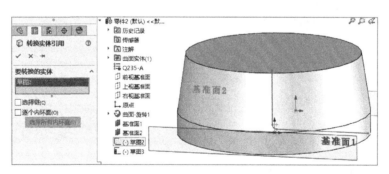

图 11-9　转换实体引用

在前视基准面上创建草图 4，竖线与草图 2 中的竖线重合，右端点与草图 2 右端点重合，如图 11-11 所示。

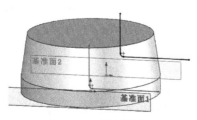

图 11-10　创建草图 3

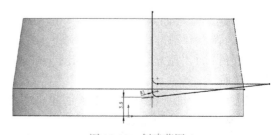

图 11-11　创建草图 4

3）建立放样曲面。单击"曲面"选项中的"放样曲面"图标 ，弹出"曲面－放样"属性框，单击轮廓（P）后的选项框，在绘图区依次单击三个截面线，生成放样曲面，如图 11-12 所示。

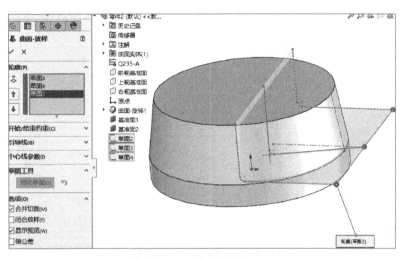

图 11-12　生成放样曲面

11.1.3　曲面镜像

单击"特征"选项中"线性阵列"的三角符号，在弹出的下拉菜单中单击"镜向"，弹出"镜向"属性框，镜向面/基准面选择"右视基准面"，要镜向的实体选择"曲面－放样 1"，如图 11-13 所示。单击 ，曲面镜像特征如图 11-14 所示。

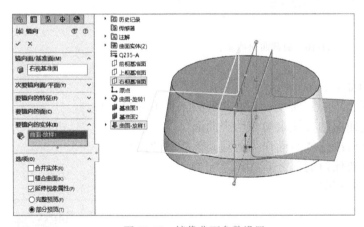

图 11-13　镜像曲面参数设置

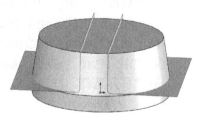

图 11-14　曲面镜像特征

◈◆11.2　编辑曲面

曲面编辑是指对多余的曲面进行裁剪，通过曲面、基准面或曲线等裁剪工具将相交的曲面进行剪切，它具有类似实体的切除功能。

1）单击"曲面"选项中的"剪裁曲面"图标 ，弹出"剪裁曲面"属性框，剪裁类型选择"相互"，曲面（U）选择"曲面 – 旋转 1""曲面 – 放样 1""镜向 1"，选择"移除选择"，单击主视图中多余的面，如图 11-15 所示。单击 ✓，剪裁曲面特征如图 11-16 所示。

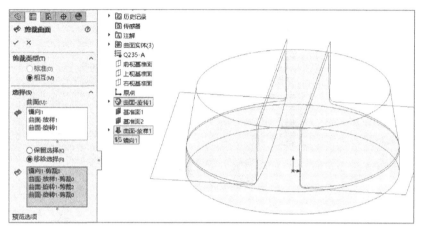

图 11-15　剪裁曲面参数设置

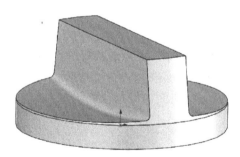

图 11-16　剪裁曲面特征

2）图 11-15 中主要参数说明如下：

① "标准"选项：使用曲面、草图、曲线、基准面剪裁工具来剪裁曲面。

② "相互"选项：使用相交曲面的交线来剪裁两个曲面。

③ "曲面"选项：在绘图区可以选择曲面作为剪裁其他曲面的工具。

④ "保留选择"选项：选择要保留的部分。

⑤ "移除选择"选项：选择要移除的部分。

11.3　实体化曲面

"加厚"命令可以将曲面转化成薄板实体特征或者实体特征。

1）查看曲面特征截面。单击"剖面视图"图标 ▦，弹出"剖面视图"属性框，剖面选择"前视基准面"，其他参数默认，如图 11-17 所示，单击 ✓，可以看到特征体的截面为曲面，而非实体特征，如图 11-18 所示。再次单击"剖面视图"图标 ▦，退出剖视图状态。

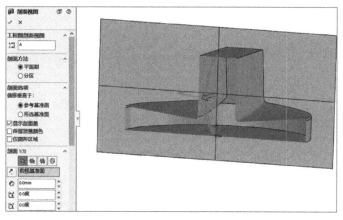

图 11-17　剖面视图参数设置　　　　　　　　　　图 11-18　剖视图

2）加厚，创建实体特征。单击"曲面"选项中的"加厚"图标🗀，弹出"加厚"属性框，加厚参数选择整个特征曲面，勾选"从闭合的体积生成实体"，如图 11-19 所示。

3）查看实体特征截面。单击"剖面视图"图标🗁，弹出"剖面视图"属性框，剖面选择"前视基准面"，其他参数默认，如图 11-20 所示，可以看到特征体的截面变为实体特征。

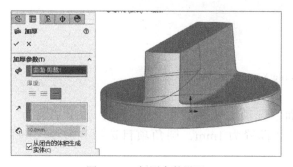
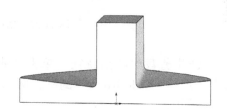

图 11-19　加厚参数设置　　　　　　　　　　　图 11-20　实体特征截面

◆ 11.4　修饰曲面

11.4.1　添加圆角

1）创建手工圆角特征。单击"曲面"选项中的"圆角"图标⬛，弹出"圆角"属性框，选择"手工"倒圆，要圆角化的项目选择旋钮两端的边线，圆角半径设置为 13mm，如图 11-21 所示。

2）创建 FilletXpert 圆角特征。单击"曲面"选项中的"圆角"图标⬛，弹出"圆角"属性框，选择"FilletXpert"倒圆，圆角半径设置为 5mm，圆角项目选择如图 11-22 所示边线。

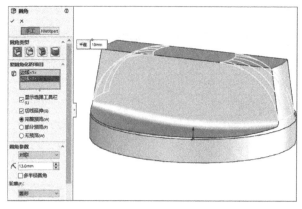

图 11-21　创建手工圆角

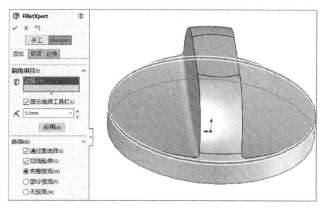

图 11-22　创建 FilletXpert 圆角特征

3）创建剪裁面圆角特征。单击"曲面"选项中的"圆角"图标 ，弹出"圆角"属性框，选择"FilletXpert"倒圆，圆角半径设置为 1mm，圆角项目选择"边线"，如图 11-23 所示。

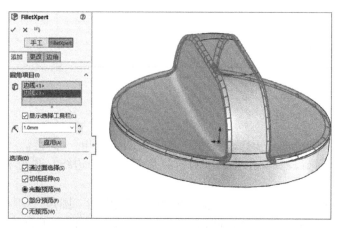

图 11-23　创建剪裁面圆角特征

11.4.2　抽壳

镂空零件，保持所选面打开，然后在剩余面上创建薄壁特征。如果没有选择面，将创建封闭的空心模型。

创建剪裁面圆角特征时，单击"特征"选项中的"抽壳"图标🗍，弹出"抽壳"属性框，移除的面选择底平面，厚度设置为 0.5mm，如图 11-24 所示。

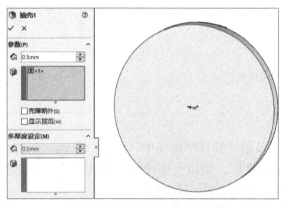

图 11-24　抽壳特征

11.4.3　拉伸凸台

1）以仰视图为绘图面，创建草图 5，如图 11-25 所示。

2）拉伸凸台。单击"特征"选项中的"拉伸凸台 / 基体"，弹出"凸台 – 拉伸"属性框，方向选择"成形到下一面"，如图 11-26 所示。

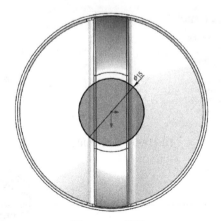

图 11-25　草图 5

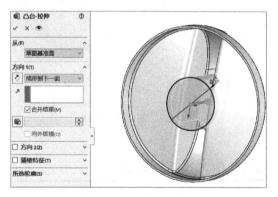

图 11-26　创建凸台特征

11.4.4　拉伸切除

1）以仰视图为绘图面，创建草图 6，如图 11-27 所示。

2）拉伸凸台。单击"特征"选项中的"拉伸切除"，弹出"切除 – 拉伸"属性框，方向选择"给定深度"，深度值为 3.5mm，如图 11-28 所示。

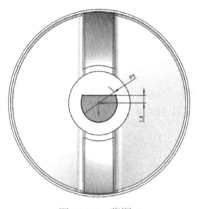

图 11-27　草图 6

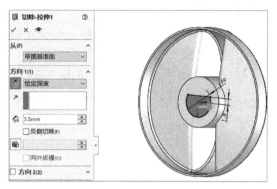

图 11-28　创建拉伸切除特征

11.4.5　添加倒角

1）创建倒角特征。单击"特征"选项中"圆角"下的三角符号，在下拉菜单中选择"倒角"，弹出"倒角"属性框，倒角类型选择"角度距离"图标，倒角参数中的距离设置为 1mm，角度设置为 45°，如图 11-29 所示。

2）创建圆角特征。单击"特征"选项中的"圆角"图标，弹出"圆角"窗口，选择"FilletXpert"倒圆，圆角半径设置为 0.2mm，"圆角项目"选择如图 11-30 所示。

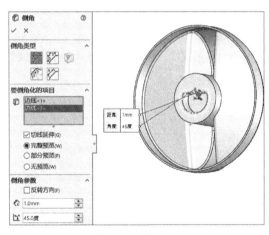

图 11-29　创建倒角特征

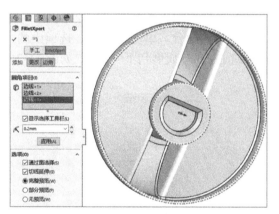

图 11-30　创建圆角特征

◆◆ **11.5**　创建标记

11.5.1　创建曲线

1）以基准面 2 为绘图面，创建草图 7，如图 11-31 所示。

2）创建投影曲线。依次单击"插入"→"曲线"→"投影曲线"，弹出"曲线"属性框，要投影的草图选择"草图 7"，投影面选择图 11-32 所示的三个面，即可在选择的投影面上生成投影曲线。

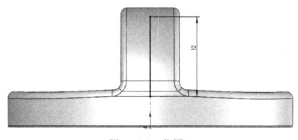

图 11-31　草图 7

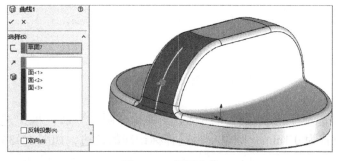

图 11-32　投影曲线

11.5.2　创建特征

1）创建扫描切除特征。单击"特征"选项中的"扫描切除"，弹出"切除 – 扫描"属性框，路径 C 选择"曲线 1"，选择"圆形轮廓"，直径设置为 0.5mm，如图 11-33 所示。单击 √，退出扫描切除特征。

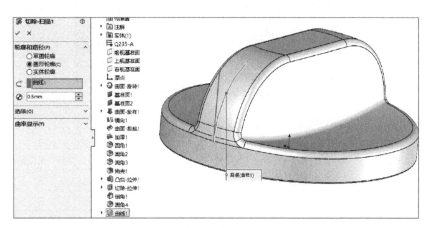

图 11-33　创建"扫描切除"特征

2）创建圆角特征。单击"特征"选项中的"圆角"图标 ，弹出"圆角"属性框，选择"FilletXpert"倒圆，圆角半径设置为 0.2mm，要圆角化的项目选择两端底部圆弧，如图 11-34 所示。

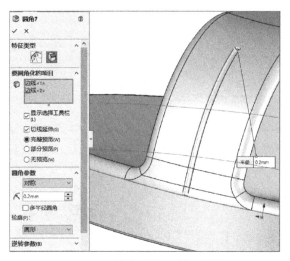

图 11-34 创建两端"圆角"特征

单击"特征"选项中的"圆角"图标 🖫，弹出"圆角"属性框，选择"FilletXpert"倒圆，圆角半径设置为 0.1mm，圆角项目选择标记线的锐边，如图 11-35 所示。

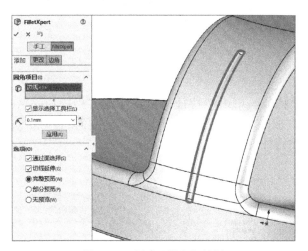

图 11-35 创建"圆角"特征

3）最终生成的旋钮模型如图 11-36 所示。

图 11-36 旋钮模型

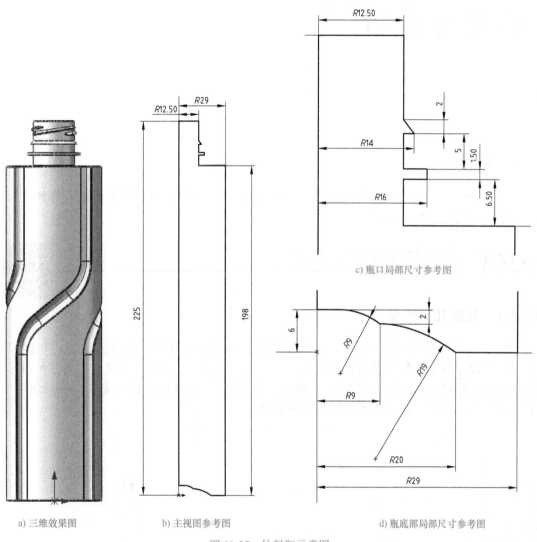

习　题

根据图 11-37 所示要求创建三维模型，瓶口厚度为 1mm，瓶身厚度为 0.5mm。

a) 三维效果图　　　　　b) 主视图参考图　　　　　c) 瓶口局部尺寸参考图

d) 瓶底部局部尺寸参考图

图 11-37　饮料瓶示意图

有限元分析

建立（导入）几何模型、建立分析算例、设置材料参数、设置约束关系、添加载荷、划分网格、算例计算、结果分析。

◆ 12.1　从动轮轴有限元分析

12.1.1　处理几何模型

1）打开需要分析的轴零件，以前视图为绘图界面，在草图中绘制竖直线，并完成标注，如图 12-1 所示。完成绘制，退出草图。单击"特征"选项中"曲线"下的三角符号，弹出曲线种类列表，如图 12-2 所示。单击"分割线"，选择左端轴承安装面和绘制的竖线，如图 12-3 所示。轴承面被竖线分成两部分。

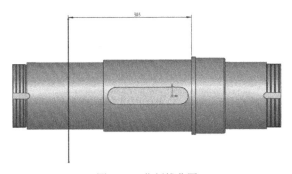

图 12-1　分割线草图

图 12-2　曲线种类列表

2）从动轮装配体中详细介绍了轴在整个装配体中的位置，为了方便计算，对装配进行简化安装，省略轴承，创建轴与角型轴承座的装配关系，如图 12-4 所示。

3）以前视图为绘图界面，在装配体中绘制点，并完成标注，如图 12-5 所示。完成绘制，退出草图。单击"装配体"选项中"参考"下的三角符号，弹出"参考"下拉菜单，如图 12-6 所示。单击"坐标系"，位置选择建立的"点"草图，方向中 X 轴选择"前视基准面"，新建坐标系的 Z 轴沿轴线方向，X 轴指向径向方向，如图 12-7 所示。**注**：新建坐标系的各方向的颜色与世界坐标系颜色一致。

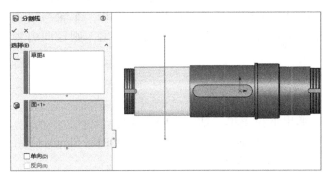

图 12-3　分割轴承安装面

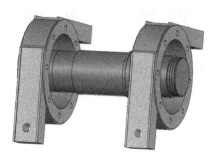

图 12-4　装配图

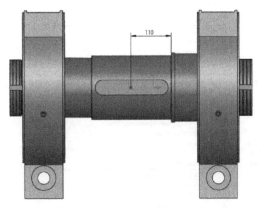

图 12-5　在装配体中绘制点

图 12-6　"参考"下拉菜单

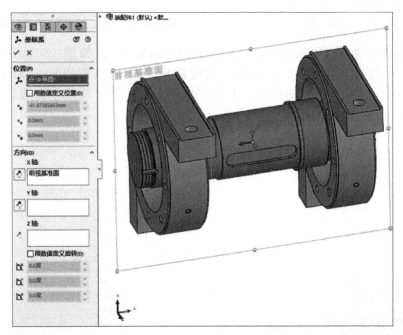

图 12-7　新建坐标系

4）分析该轴的运行工况。由装配图可知，该轴通过轴承支承，通过车轮与行走面接触传递载荷，车轮主要受承载物重力和滚动摩擦力。承载物质量为150t，车轮与接触面滚动摩擦系数为0.05，车轮受力可由圆周力和径向力两个正交方向给出，则径向力为1470000N、圆周力为73500N。

12.1.2 建立分析算例

1）单击"选项" ⚙ · 后的三角符号，弹出下拉菜单，如图12-8所示。

2）单击下拉菜单中的"插件"，弹出"插件"对话框，勾选"SOLIDWORKS Simulation"，单击"确定"，即可启动SOLIDWORKS Simulation插件，如图12-9所示。

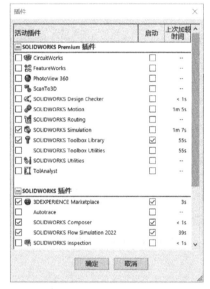

图12-8 "选项"下拉菜单　　　　图12-9 启动 SOLIDWORKS Simulation 插件

3）单击新添加的"Simulation"选项中的"新算例"，如图12-10所示。名称选择"静应力分析1"，如图12-11所示。创建静应力分析算例以后，"Simulation"选项中的前处理工具就变成可用状态，工具栏从左到右的顺序就是分析的基本流程，如图12-12所示。

图12-10 单击"新算例"　　　　　　　图12-11 创建静应力分析算例

图 12-12　静应力分析工具栏

12.1.3　设置材料参数

1）设置轴的模拟材料，在左侧"静应力分析 1"的模型树中右击"轴"，弹出图 12-13 所示快捷菜单。单击"应用/编辑材料"，在弹出的"材料"对话框中设置材料为 42CrMo，如图 12-14 所示。单击"应用"，关闭"材料"对话框。

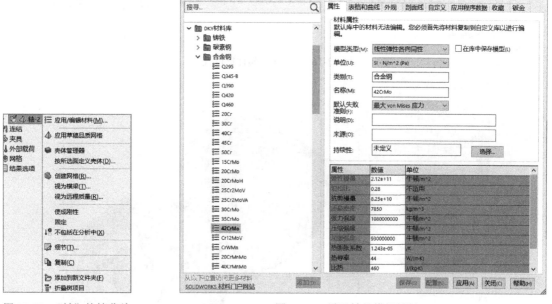

图 12-13　"轴"快捷菜单　　　　　　　　图 12-14　设置轴的模拟材料

2）用上述方法，将两个角型轴承座的模拟材料设置为 ZG340–640。

12.1.4　设置约束关系

1）添加"连结"类型。轴与角型轴承座之间通过轴承连接，由于模型中省略了轴承，因此需添加轴与角型轴承座之间的连接方式为轴承，如图 12-15 所示。单击"轴承"，弹出"接头"属性框，对于轴选择轴承内孔安装面，即轴外表面；对于外壳选择轴承外圈安装面，即角型轴承座的内孔，如图 12-16 所示。轴上安装表面在分割线处截止。

2）用同样的方法设置另外一端连接方式，勾选"稳定轴旋转"，如图 12-17 所示。

图 12-15　"连结"快捷菜单

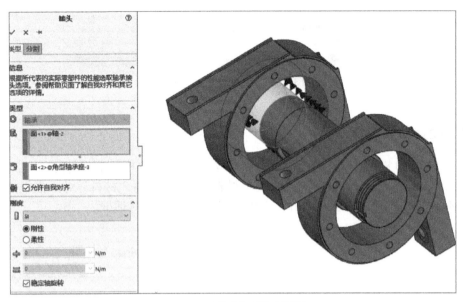

图 12-16 "接头"属性框设置

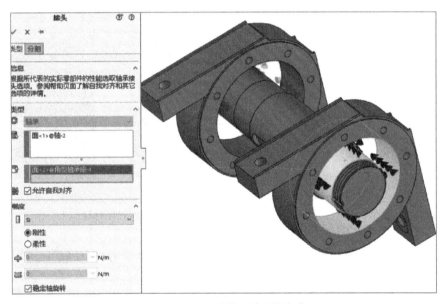

图 12-17 设置另外一端连接方式

3）从动轮在运行过程中，角型轴承座是固定的，因此，设置两端角型轴承座为固定。右击"夹具"，选择"固定几何体"，如图 12-18 所示。单击"固定几何体"，选择两个角型轴承座的平面，如图 12-19 所示。

12.1.5 添加载荷

轴与从动轮通过键连接在一起，作用力传递较为复杂。但是，考虑到轴的危险区域一般不在此处，因此可以简化，即直接利用远程载荷作用在轴的表面。

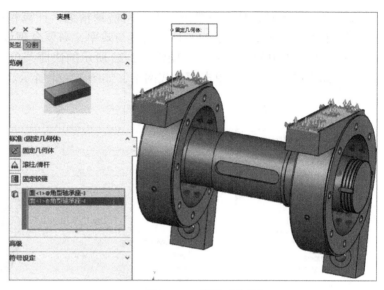

图 12-18 "夹具"快捷菜单

图 12-19 设置"夹具"

使用远程载荷首先要在该段轴的中线处添加参考坐标系，以便利用该坐标系定义作用点的位置。在左侧"静应力分析 1"的模型树中右击"外部载荷"，弹出图 12-20 所示的快捷菜单。单击"远程载荷/质量"，选择项中选择与车轮配合的轴的表面，参考坐标系选择"用户定义"和"坐标系 1"，由于从动轮的半径为 R325mm，结合坐标系的方向，可将作用点设置为（0，325，0）。从动轮在运动中受滚动摩擦力和竖直向下的外加负载，分别为沿着 X 方向摩擦力 73500N 和外加负载 1470000N，如图 12-21 所示。**注**：箭头均指向坐标系原点。单击 ✔，关闭"远程载荷/质量"属性框。

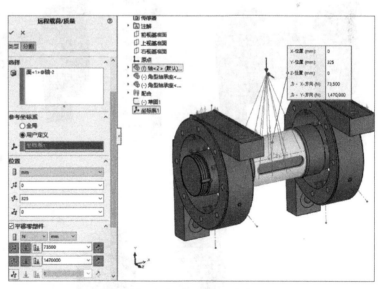

图 12-20 "外部载荷"快捷菜单

图 12-21 添加远程载荷

12.1.6 划分网格并计算

1）划分网格。网格的质量对精度的影响最为重要，在操作中要注意网格类型和网格疏密程度是否合理。SOLIDWORKS Simulation 提供了实体单元、壳单元和梁单元三种类型的网格。网格划分时，一般情况下，网格越精细，计算精度越高，计算资源消耗也越大，即计算时间越长。为了均衡计算精度与效率，需要合理设置网格精细程度。

右击模型树中的"网格"，弹出图 12-22 所示的快捷菜单。单击"生成网格"，按默认设置，如图 12-23 所示。单击✅生成网格，如图 12-24 所示。

图 12-22　"网格"快捷菜单　　　图 12-23　网格参数设置　　　图 12-24　网格划分效果

2）单击工具栏中的"运行此算例"，软件开始计算。计算完成后，系统自动弹出等效应力图解，如图 12-25 所示。在模型树结果中还有"位移"和"应变"，分别双击它们，就能得到对应的显示结果，如图 12-26 和图 12-27 所示。

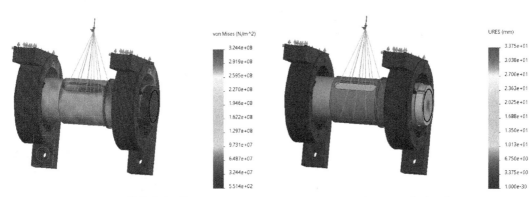

图 12-25　等效应力图解　　　　　　　　　　　图 12-26　位移图解

图 12-27　应变图解

12.1.7 分析结果

1）双击模型树结果中的"应力"，可以观察轴的等效应力云图。单击工具栏中的"图解工具"，选择"截面裁剪"，如图 12-28 所示。在"截面"属性框中选择"前视基准面"作为参考实体，如图 12-29 所示。单击 ✅，以前视基准面作为裁剪截面，查看轴内部受力情况。

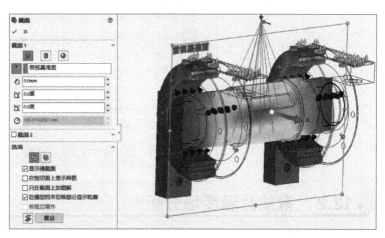

图 12-28 图解工具   图 12-29 截面裁剪设置

2）单击 Simulation 控制面板"图解工具"下拉菜单中的"探测"，弹出"探测结果"属性框。在图形区域中沿着装配体截面纵向依次选择几个探测目标，这些节点的序号、坐标、应力值都展示在图形区，如图 12-30 所示。

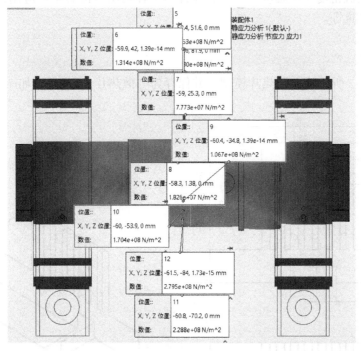

图 12-30 选择节点

3）单击"报告选项"中的"图解"图标 ～，观察轴截面静应力分布曲线，如图 12-31 所示。

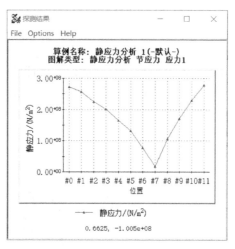

图 12-31 轴截面静应力分布曲线

◆12.2 散热片温度场分析

图 12-32 所示为某 3D 打印机散热片，散热片下端的方形通槽放置热源，其他外表面流体为空气，材料为 6061 铝合金。热源温度为 544K，对流系数为 100W/（$m^2 \cdot ℃$），外界流体（空气）温度为 25℃，对流系数为 25W/（$m^2 \cdot ℃$）。

热分析用于计算一个系统或部件的温度分布及其他热物理参数，如热量的获取或损失、热梯度及热流密度（热通量）等。它在许多工程引用中都有重要应用，如换热器、电子元器件及内燃机等。

12.2.1 建模

按照图 12-32 所示建立散热片模型，并保存为"散热片 .sldprt"，如图 12-33 所示。

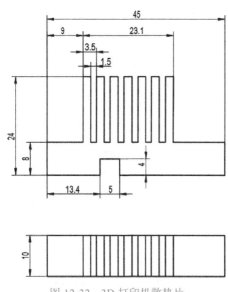

图 12-32 3D 打印机散热片

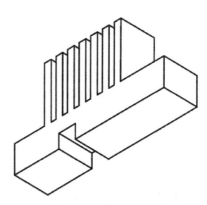

图 12-33 散热片模型

12.2.2 建立分析算例

1）单击"插件"，在弹出的对话框中勾选"SOLIDWORKS Simulation"，这时工具栏中生成"Simulation"选项。单击"Simulation"选项中的"新算例"，打开"算例"属性框，定义名称为"热力1"，高级模拟中选择"热力"，如图 12-34 所示。

2）右击模型树中新建的"热力1"，单击"属性"，打开"热力"对话框，解算器选择设为 FFEPlus，求解类型设为"稳态"，即计算稳态传热问题，如图 12-35 所示。单击"确定"，关闭对话框。

图 12-34 定义算例

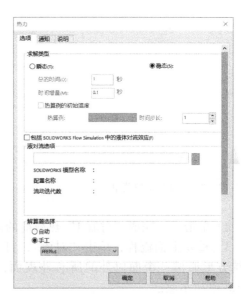

图 12-35 设置热力属性

3）单击"Simulation"选项中的"应用材料"图标，选择铝合金材料"6061 合金"，单击"应用"后关闭对话框，如图 12-36 所示。

图 12-36 设置散热片材料

12.2.3　建立约束并施加载荷

1）单击"热载荷"下的三角符号，弹出"热载荷"下拉菜单，如图 12-37 所示。单击"对流"，打开"对流"属性框，所选实体中选中下端方形通槽的三个面，设置对流系数为 100，总环境温度为 544，如图 12-38 所示。

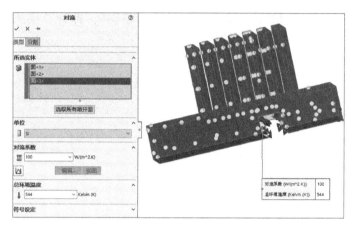

图 12-37　"热载荷"下拉菜单　　　　　　　　　　　　图 12-38　设置散热片内流体对流参数

2）单击 ✓，完成"对流 1"热载荷的创建。

3）重复上面流程，单击"对流"，打开"对流"属性框，所选实体中选择除散热片下端方形通槽三个面以外的所有外表面，设置对流系数为 25，总环境温度为 294，如图 12-39 所示。

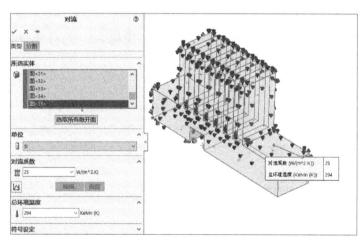

图 12-39　设置散热片外流体对流系数

4）单击 ✓，完成"对流 2"热载荷的创建。

12.2.4　划分网格并运行

1）在模型树中右击"网格"，在快捷菜单中单击"生成网格"，打开"网格"属性框，保持网格默认粗细程度。单击 ✓，完成网格划分，如图 12-40 所示。

2）单击"运行此算例"图标 ，SOLIDWORKS Simulation 开始进行有限元分析。

12.2.5　观察结果

1）运算完成后，双击模型树结果下面的"热力 1" [图标 热力1 (-温度-)] ，可以观察散热片的温度分布云图，如图 12-41 所示。

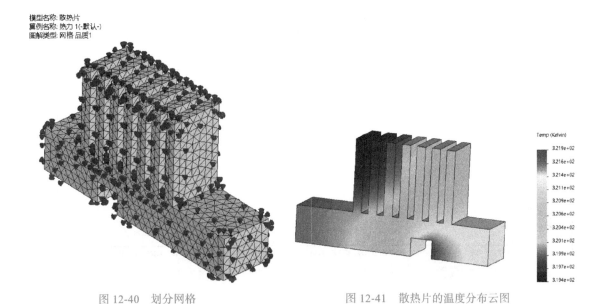

图 12-40　划分网格　　　　　　　　图 12-41　散热片的温度分布云图

2）单击"Simulation"选项中"图解工具"下拉菜单中的"探测"，弹出"探测结果"属性框。在图形区中沿着散热片颜色变化较大的方向依次选择几个探测目标，这些节点的序号、坐标及温度都展示在图形区，如图 12-42 所示。

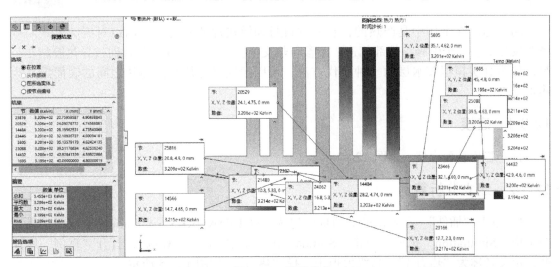

图 12-42　选择节点

3）单击"报告选项"中的"图解"图标 ，观察散热片温度分布曲线，如图 12-43 所示。

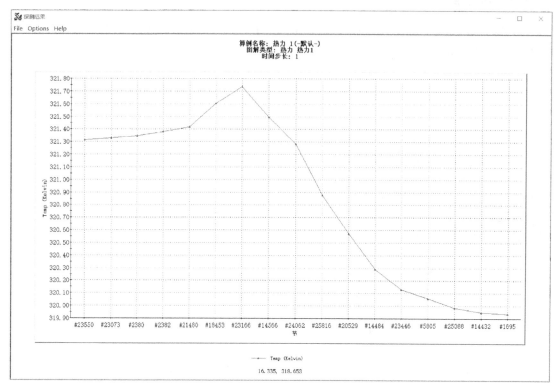

图 12-43　散热片温度分布曲线

◈12.3　陶瓷芯片温度场分析

陶瓷芯片在工作中是产热的，它通过自身和散热片的所有外表面以对流的方式向环境散发热量。三个引脚与外部相连，不参与热交换。陶瓷芯片和散热片通过导热胶粘在一起，作为真实模拟胶水层的一种替代方法，可以把连接芯片和散热片之间的表面定义为热阻。

12.3.1　建模

打开芯片装配模型，如图 12-44 所示。

12.3.2　建立分析算例

1）单击"插件"，在弹出的对话框中勾选"SOLIDWORKS Simulation"，这时工具栏中生成"Simulation"选项。单击"Simulation"选项中的"新算例"，打开"算例"属性框，定义名称为"热力 1"，高级模拟中选择"热力"，如图 12-45 所示。

2）右击模型树中新建的"热力 1"，在快捷菜单中单击"属性"，打开"热力"对话框，解算器选择设为 FFEPlus，求解类型设为"稳态"，即计算稳态传热问题，如图 12-46 所示。单击"确定"，关闭对话框。

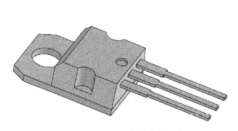

图 12-44　芯片装配模型

图 12-45　定义算例

3）单击"应用材料"图标 ，将芯片材料设置为"陶瓷"，引脚设置为"黄铜"，散热片设置为"6061合金"，如图 12-47 所示。

图 12-46　设置热力属性

图 12-47　设置装配体各零部件材料

12.3.3　建立约束并施加载荷

1）单击"热载荷"下的三角符号，弹出"热载荷"下拉菜单，如图 12-48 所示。单击"热量"，打开"热量"属性框，所选实体中选择"芯片"，热量设置为 8，如图 12-49 所示。

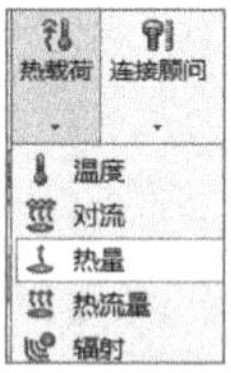

图 12-48 “热载荷”下拉菜单

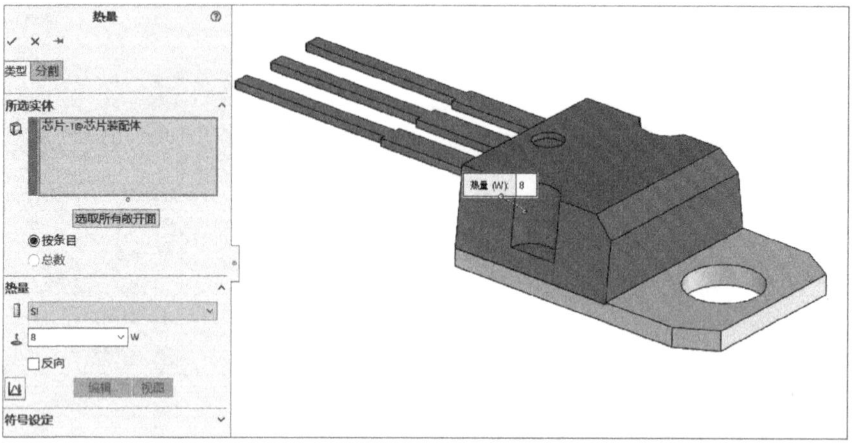

图 12-49 设置散热片内流体对流参数

2）单击✓完成“热量 -1”热载荷的创建。

3）在模型树中右击“连结”，在弹出的快捷菜单中单击“本地交互”，定义芯片和散热片接触面的热阻，如图 12-50 所示。

4）“本地交互”属性框中，类型选择“热阻”，依次选择芯片和散热片的两个接触面，热阻选择“分布”，值为 $2.857e^{-06}$，如图 12-51 所示。为了方便选择，可以先隐藏干涉零件。

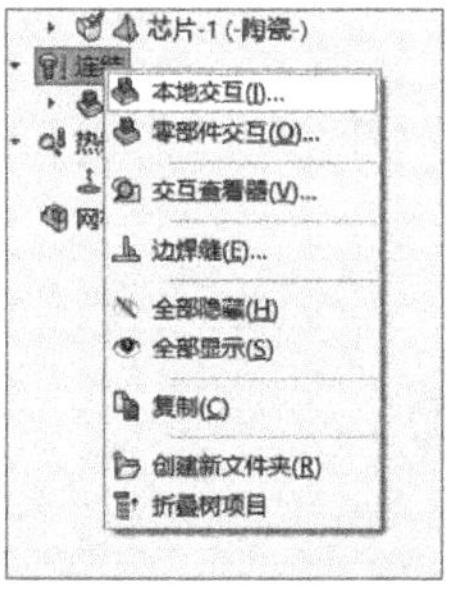

图 12-50 定义热阻

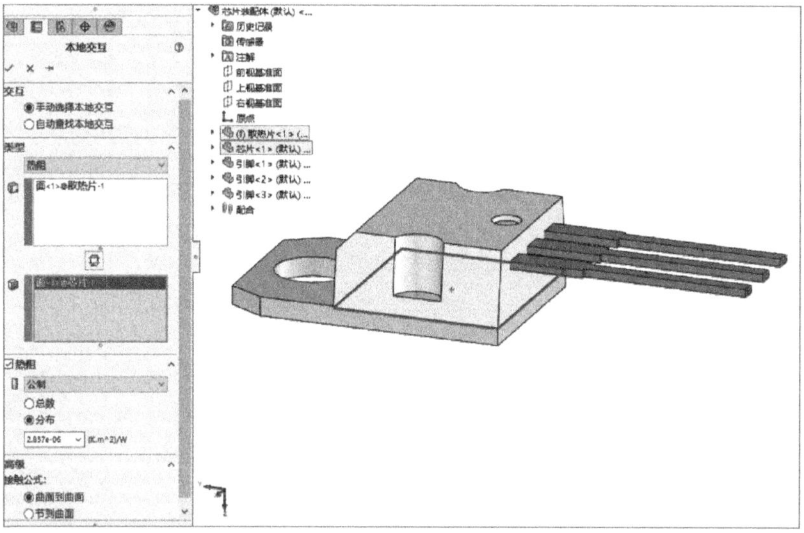

图 12-51 本地交互设置

5）删除默认的零部件接触。

6）右击“连结”，在弹出的快捷菜单中选择“零部件交互”，打开“零部件交互”属性框，交互类型选择“接合”，零部件选择三个引脚和芯片，如图 12-52 所示，单击“确定”。

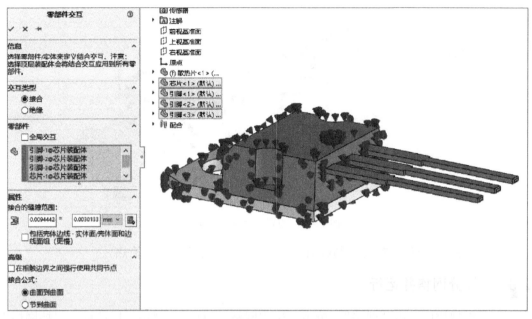

图 12-52　零部件交互设置

7）单击"热载荷"下的三角符号，在弹出的下拉菜单中单击"对流"，打开"对流"属性框，所选实体中选择散热片所有外表面（已经被定义为热阻的表面除外），设置对流系数为 250，总环境温度为 294，如图 12-53 所示。

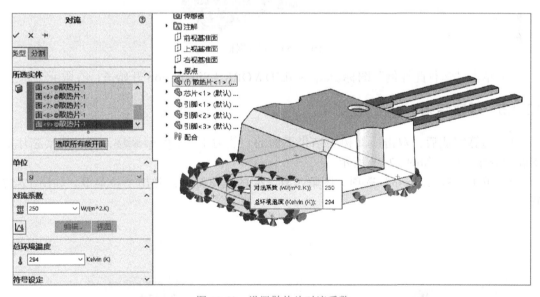

图 12-53　设置散热片对流系数

8）按照上一步操作方式，设置芯片对流参数，已被定义为热阻的表面不选择。设置芯片的对流系数为 150，总环境温度为 294，如图 12-54 所示。

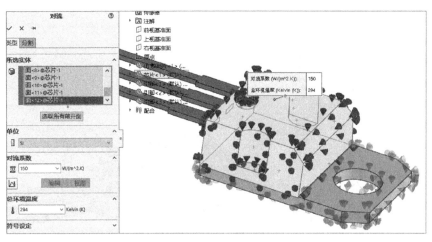

图 12-54　设置芯片对流参数

9）三个引脚没有设置任何形式的传热方式，系统自动默认为绝热。

12.3.4　划分网格并运行

1）在模型树中右击"网格"，单击"生成网格"，打开"网格"属性框，保持网格默认粗细程度。单击 ✔ 完成网格划分，如图 12-55 所示。

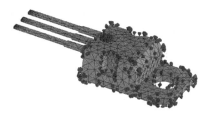

图 12-55　划分网格

2）单击"运行此算例"图标 ，SOLIDWORKS Simulation 开始进行有限元分析。

12.3.5　观察结果

1）运算完成后，双击模型树中结果下面的"热力 1" ，可以观察芯片稳态温度分布云图，如图 12-56 所示。

2）单击"Simulation"选项"图解工具"旁的三角符号，弹出下拉菜单，如图 12-57 所示。

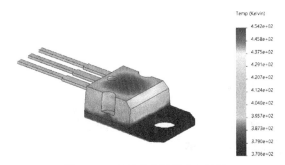

图 12-56　芯片稳态温度分布云图

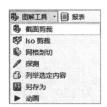

图 12-57　"图解工具"下拉菜单

3）在下拉菜单中单击"截面剪裁"，进入"截面"选项框，选择"右视基准面"，在视图中拖动 X 轴箭头，移动图形到合适位置，如图 12-58 所示。

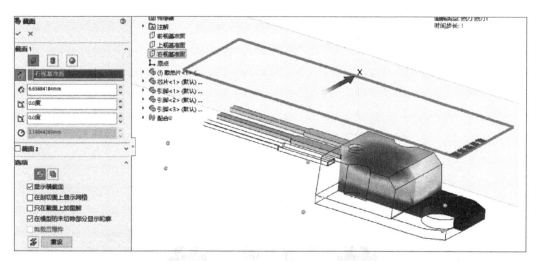

图 12-58 截面显示温度分布云图

4）单击"Simulation"选项"图解工具"下拉菜单中的"探测"，打开"探测结果"属性框。在图形区中沿着装配体截面纵向依次选择几个探测目标，这些节点的序号、坐标、温度都展示在图形区，如图 12-59 所示。

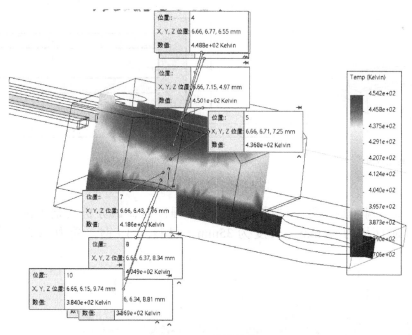

图 12-59 选择节点

5）单击"报告选项"中的"图解"图标 ，观察芯片温度分布曲线，如图 12-60 所示。

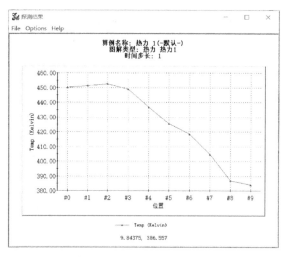

图 12-60　芯片温度分布曲线

习　题

1. 试分析冷却栅的温度场分布，如图 12-61 所示，冷却栅管材料为不锈钢，热膨胀系数为 $1.42e^{-5}$/K，导热系数为 52W/（m·K），泊松比为 0.3，弹性模量为 $1.93e^9$Pa，管内压力为 6MPa，管内流体温度为 513K，对流系数为 96W/（m^2·K），外界流体（空气）温度为 39℃，对流系数为 25W/（m^2·K）。

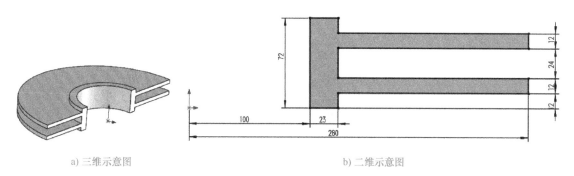

a) 三维示意图　　　　　　　　　　　　　　　b) 二维示意图

图 12-61　冷却栅结构图

2. 金属轴一端固定，另一端受 10N 静压力强度时，试分析其是否满足设计要求。已知：金属轴直径为 5.5mm，长度为 35mm，材料为 10 钢，受力示意图如图 12-62 所示。

图 12-62　金属轴受力示意图

运动仿真

自顶向下建模、模型装配、运动学仿真分析流程、动力学仿真分析流程。

◇◆13.1 曲柄摇杆机构建模与仿真

运动仿真是 SOLIDWORKS 软件中的重要模块，可以对二维机构或三维机构进行运动学分析和动力学分析。运动仿真可以辅助学生了解机构的运动规律，如机构指定构件的位移、速度、加速度和运动轨迹等信息；同时，借助运动学和动力学仿真技术，可以建立机械的数字化虚拟样机并开展各种测试，学生借助计算机软件对优化设计的一般流程有初步的认识。

SOLIDWORKS 软件的建模模块可以与分析模块无缝对接，装配体中的装配关系能直接等效映射为运动副配合，减少前处理时间。可视化后处理工具可以直观地展示机械运动特性。

SOLIDWORKS 软件的运动仿真模块中有众多的概念及术语，这里重点介绍几个基础概念和术语。

1）运动学分析：运动学分析的目的在于了解机构的运动规律，重点关注机构指定构件或点的位移、速度、加速度和运动轨迹等信息。

2）动力学分析：动力学分析是在机构的基础上又综合考虑了力、力矩、摩擦、惯性及阻尼等力学要素的传递作用，重点研究机械运动与力的关系。

3）自由度：构件或机构具有独立运动形式的数目。

4）运动副：使两个构件直接接触而又产生一定相对运动的可动连接。

SOLIDWORKS 软件运动仿真的主要流程如图 13-1 所示。

图 13-1　SOLIDWORKS 软件运动仿真的主要流程

13.1.1 绘制机构简图

打开 SOLIDWORKS，新建零件，绘制曲柄摇杆机构运动简图，如图 13-2

所示。绘制完成后，以"机构"命名。

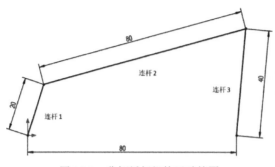

图 13-2　曲柄摇杆机构运动简图

13.1.2　自顶向下建模

1）新建装配体，将上步建立的机构导入，如图 13-3 所示。以该运动机构简图为基准创建三个连杆。

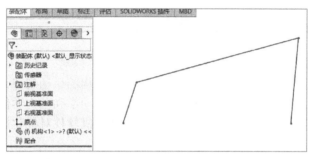

图 13-3　导入机构

2）单击"插入零部件"下的三角符号，在弹出的下拉菜单中单击"插入新零件"，如图 13-4 所示。在装配体模型树中右击生成的新零件，单击"重新命名零件"，修改零件名为连杆 1，如图 13-5 所示。

图 13-4　插入新零件

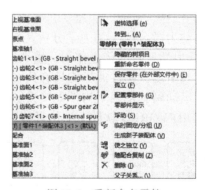

图 13-5　重新命名零件

3）选中模型树中的连杆 1，单击"装配体"选项中的"编辑零部件"图标，或者在模型树中右击"连杆 1"，在快捷菜单中单击"编辑零件"，如图 13-6 所示，进入连杆 1 的编辑环境，如图 13-7 所示，模型树中零件变成蓝色。

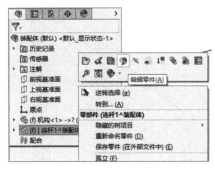

图 13-6 编辑"连杆 1"零件

图 13-7 进入连杆 1 的编辑环境

4）选择机构所在的前视基准面为草图绘制界面，以连杆 1 两个端点为圆心，绘制直槽口，如图 13-8 所示，完成草图绘制，拉伸厚度为 3mm，如图 13-9 所示，单击绘图区右上角图标，退出零件编辑，返回到装配体环境。

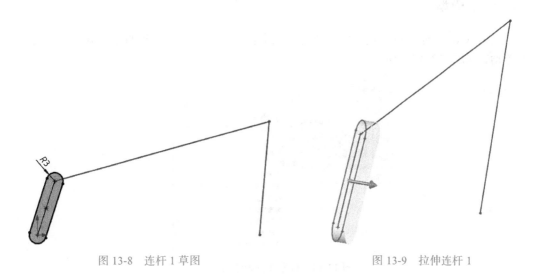

图 13-8 连杆 1 草图

图 13-9 拉伸连杆 1

5）根据上述方法，绘制出连杆 2 和连杆 3 的实体，如图 13-10 和图 13-11 所示。

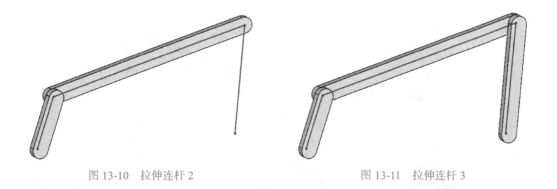

图 13-10 拉伸连杆 2

图 13-11 拉伸连杆 3

6）绘制固定铰链。单击"插入零部件"下的三角符号，在弹出的下拉菜单中单击"新零件"，修改零件名为固定铰链，以前视图为绘制草图界面，绘制固定铰链草图，如图 13-12 所示。拉伸厚度为 3mm，如图 13-13 所示。

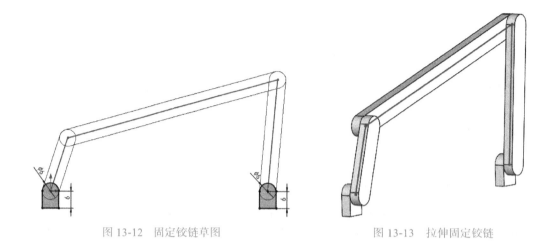

图 13-12　固定铰链草图　　　　　　　图 13-13　拉伸固定铰链

13.1.3　装配模型

1）按住 <Ctrl> 键，同时选中装配体模型树中的"连杆 1""连杆 2"和"连杆 3"，设置为浮动，如图 13-14 所示。

图 13-14　将零件设为浮动

2）根据机构的装配关系，添加铰链外圆面与连杆 1 外圆面同轴心配合，如图 13-15 所示。添加铰链端面与连杆 1 端面重合配合，如图 13-16 所示。

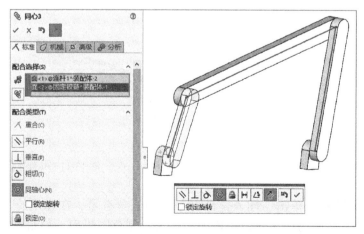

图 13-15　铰链外圆面与连杆 1 外圆面同轴心配合

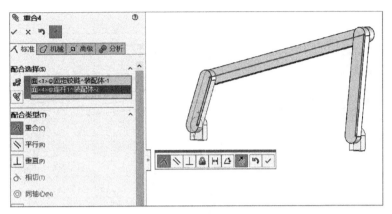

图 13-16　铰链端面与连杆 1 端面重合配合

3）根据机构的装配关系，添加连杆 1 外圆面与连杆 2 外圆面同轴心配合，如图 13-17 所示。添加连杆 1 端面与连杆 2 端面重合配合，如图 13-18 所示。

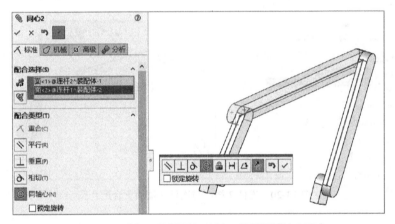

图 13-17　连杆 1 外圆面与连杆 2 外圆面同轴心配合

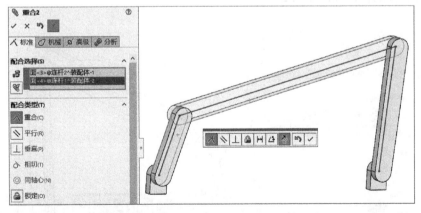

图 13-18　连杆 1 端面与连杆 2 端面重合配合

4）添加连杆 2 外圆面与连杆 3 外圆面同轴心配合，如图 13-19 所示。添加连杆 2 端面与连杆 3 端面重合配合，如图 13-20 所示。

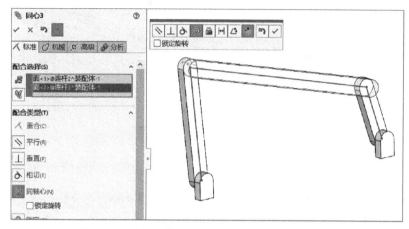

图 13-19　连杆 2 外圆面与连杆 3 外圆面同轴心配合

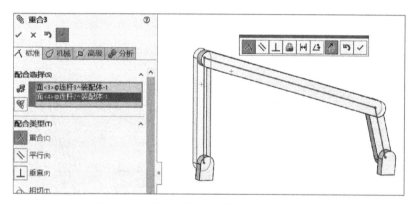

图 13-20　连杆 2 端面与连杆 3 端面重合配合

5）添加连杆 3 外圆面与铰链外圆面同轴心配合，如图 13-21 所示。添加连杆 3 端面与铰链端面重合配合，如图 13-22 所示。

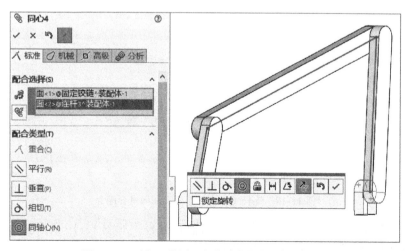

图 13-21　连杆 3 外圆面与铰链外圆面同轴心配合

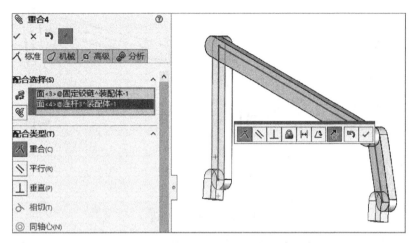

图 13-22　连杆 3 端面与铰链端面重合配合

13.1.4　机构运动学仿真分析

1）单击"SOLIDWORKS 插件"，在"SOLIDWORKS 插件"控制面板上列出插件类型，如图 13-23 所示。单击"SOLIDWORKS Motion"，在模型树最下端单击"运动算例1"，出现运动管理器界面，如图 13-24 所示。

图 13-23　SOLIDWORKS Motion 插件

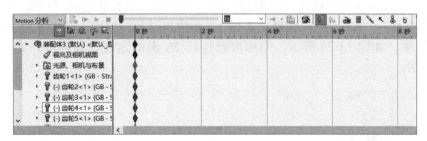

图 13-24　运动管理器界面

2）单击"动画"，在弹出的算例类型列表中选择"Motion 分析"，如图 13-25 所示。在运动管理器界面单击"马达"图标🖰，马达类型选择"旋转马达"，零部件 / 方向选择连杆 1 圆弧边线，速度⚙设置为 10RPM（表示每分钟转 10 圈），如图 13-26 所示。

图 13-25　算例类型

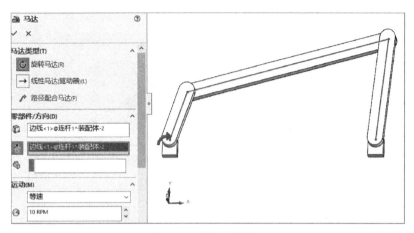

图 13-26 添加旋转马达

3）在运动管理器界面单击"计算"图标🗐，开始仿真分析，如图 13-27 所示。

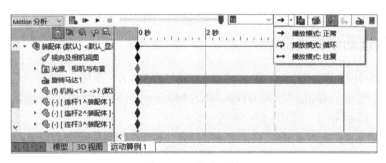

图 13-27 仿真计算

4）在运动管理器界面单击"播放"图标 ▶，可以看到机构的运动状态。

5）在运动管理器界面单击"保存动画"图标🖿，设置保存路径、文件名，可以将生成的动画单独保存。

6）在运动管理器界面单击"结果和图解"图标🗐，结果中选择"位移／速度／加速度""线性位移""X 分量"，选择"连杆 2"为输出对象，如图 13-28 所示。单击✅后，输出图解结果，如图 13-29 所示。同样可查连杆 2X 向的速度和加速度，如图 13-30 和图 13-31 所示。

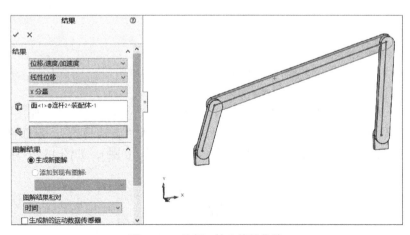

图 13-28 连杆 2 输出线性位移

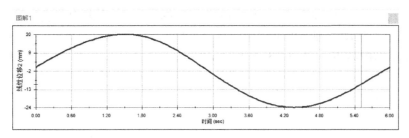

图 13-29　连杆 2 的 X 向的位移线图

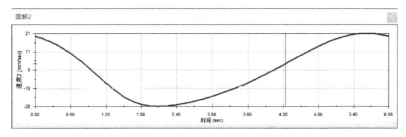

图 13-30　连杆 2 的 X 向的速度线图

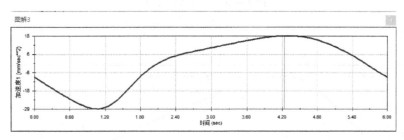

图 13-31　连杆 2 的 X 向的加速度线图

13.1.5　机构动力学仿真分析

1）在运动管理器界面单击"力"图标，类型选择"力矩"，零部件/方向选择连杆
3 圆弧边线，如图 13-32 所示。单击"计算"图标，重新计算结果。

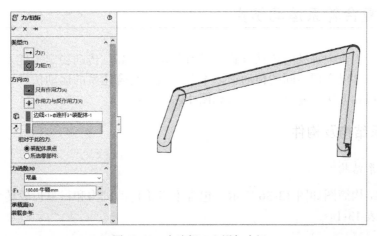

图 13-32　在连杆 3 上添加力矩

2）在运动管理器界面单击"结果和图解"图标，结果中选择"力""马达力矩""Z分量"，在运动管理器模型树中选择"旋转马达1"为输出对象，如图13-33所示。单击✓后，输出图解结果，如图13-34所示。

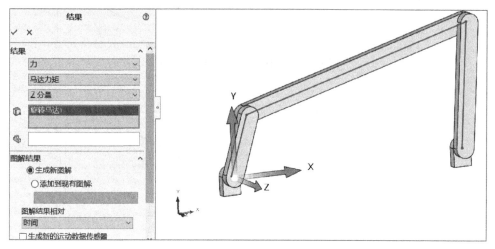

图 13-33　查询马达力矩

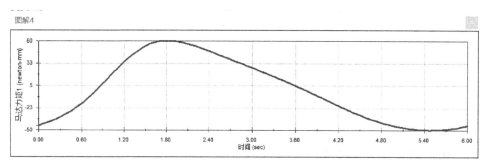

图 13-34　马达力矩线图

◈◆ 13.2　复合轮系运动仿真

　　齿轮传动是工业中常见的传动方式，具有传动效率高、传动稳定等优点，将多个齿轮组成复合轮系，可以实现不同的传动比。本节通过对复合轮系的运动仿真，介绍齿轮机构运动仿真的流程和方法，复合轮系模型如图13-35所示。

13.2.1　轮系结构及构件

1. 复合轮系结构

　　复合轮系结构简图如图13-36所示，包含锥齿轮传动机构和行星齿轮传动机构。轮系中齿轮参数见表13-1。

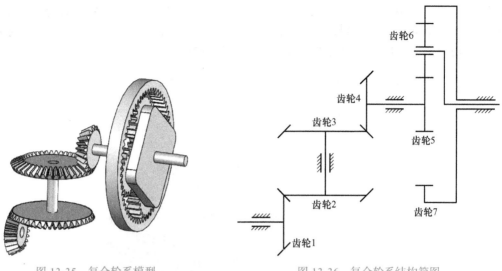

图 13-35　复合轮系模型　　　　　　　　图 13-36　复合轮系结构简图

表 13-1　轮系中齿轮参数

名称	模数 /mm	齿数	类型
齿轮 1	2	20	锥齿轮
齿轮 2	2	40	锥齿轮
齿轮 3	2	40	锥齿轮
齿轮 4	2	20	锥齿轮
齿轮 5	2	20	太阳轮
齿轮 6	2	20	行星轮
齿轮 7	2	60	内齿轮

2. 齿轮建模方法

打开 SLIDWORKS Toolbox，选择 "GB" → "动力传动" → "齿轮"，如图 13-37 所示。设计库下方将显示 Toolbox 标准库提供的齿轮类型，如图 13-38 所示。

图 13-37　Toolbox 标准库

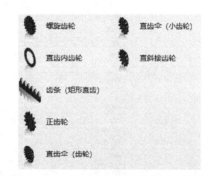

图 13-38　Toolbox 标准库提供的齿轮类型

右击 "直齿伞（小齿轮）"，在快捷菜单中选择 "生成零件"，即可弹出 "配置零部件"

属性框，按表 13-1 设置模数为 2mm、齿数为 20，齿轮齿数为与其配对的齿轮的齿数，即大锥齿轮齿数 40，其他参数默认，单击 ✔，生成小锥齿轮，如图 13-39 所示。**注：**在创建锥齿轮时，需要同时给定与其配合的锥齿轮的齿数。

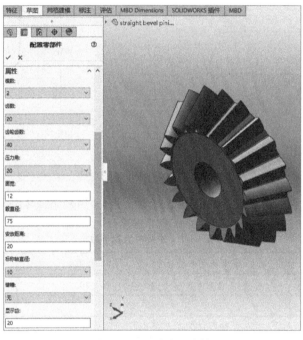

图 13-39　生成小锥齿轮

打开 SLIDWORKS Toolbox，选择"GB"→"动力传动"→"齿轮"，右击"直齿伞（齿轮）"，用上述方法生成模数为 2mm、齿数为 40 的大锥齿轮，如图 13-40 所示。

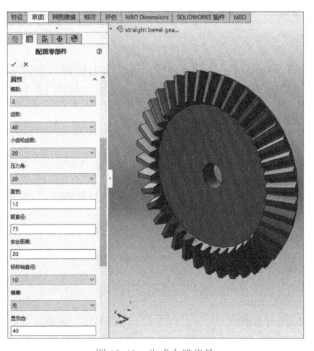

图 13-40　生成大锥齿轮

　　创建模数为 2mm、齿数为 20 的圆柱齿轮。右击"直齿内齿轮",在快捷菜单中选择"生成零件",在弹出的"配置零部件"属性框中按表 13-1 设置模数为 2mm、齿数为 20,其他参数默认,单击 ✓,生成圆柱齿轮(太阳轮、行星轮),如图 13-41 所示。

图 13-41　生成圆柱齿轮

　　创建模数为 2mm、齿数分别为 60 的内齿轮。打开 SLIDWORKS Toolbox,选择"GB"→"动力传动"→"齿轮",右击"直齿内齿轮",在快捷菜单中选择"生成零件",在弹出的"配置零部件"属性框中按表 13-1 设置模数为 2mm、齿数为 60,单击 ✓,生成内齿轮,如图 13-42 所示。

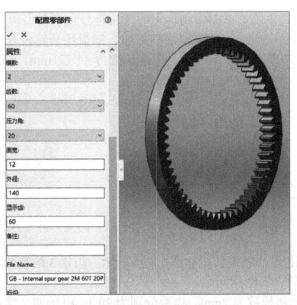

图 13-42　生成内齿轮

13.2.2 装配锥齿轮

1）绘制装配辅助线。由机械基础相关知识可知，一对啮合的锥齿轮，每个轮齿的边线和中线都交于一点，该点到每个轮齿大端的距离称为锥距，计算公式为

$$R = \frac{1}{2}\sqrt{d_1{}^2 + d_2{}^2}$$

式中，d_1、d_2 分别为大锥齿轮和小锥齿轮的分度圆直径。

由计算可得，锥齿轮锥距约为 44.721mm。锥距也可以通过单击锥齿轮模型树中"TooCutSke2"查询，如图 13-43 所示。

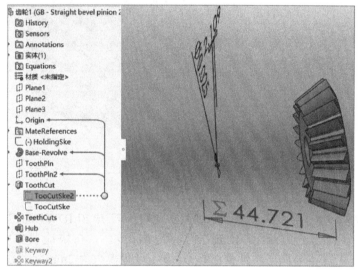

图 13-43　查询锥齿轮锥距

打开小齿轮模型，单击"草图绘制"下的三角符号，在弹出的下拉菜单中选择"3D草图"，如图 13-44 所示。进入 3D 草图绘制界面，捕捉任一轮齿外侧顶点绘制直线，将直线与该点所在轮齿边线添加共线配合，标注长度为 44.721mm，如图 13-45 所示。退出草绘环境。

图 13-44　"草图绘制"下拉菜单

图 13-45　齿轮 1 辅助线

按上述方法绘制齿轮 2 辅助线，如图 13-46 所示。齿轮 3 的参数与齿轮 2 一致，齿轮 4 的参数与齿轮 1 一致，画法相同。

2）新建装配体，将模数为 2mm，齿数分别为 20 和 40 的两个锥齿轮插入装配体，如图 13-47 所示，将默认为固定的齿轮 1 设置为浮动。

图 13-46　齿轮 2 辅助线

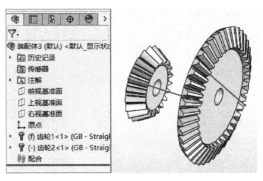

图 13-47　插入两个锥齿轮

3）单击"装配体"选项中的"参考"→"基准轴"，如图 13-48 所示，弹出"基准轴"属性框。选择前视基准面和上视基准面，创建基准轴 1，如图 13-49 所示。

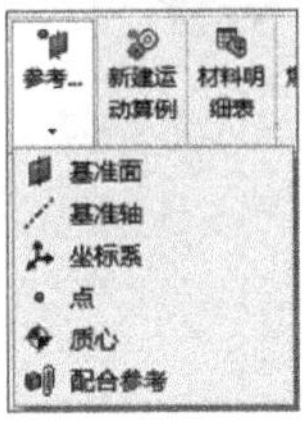

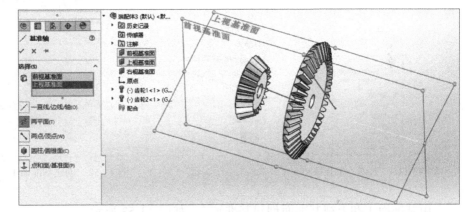

图 13-48　"参考"
下拉菜单

图 13-49　创建基准轴 1

4）装配齿轮 1。单击"装配体"选项中的"配合"图标，选择齿轮 1 内孔与基准轴 1，添加同心配合，如图 13-50 所示。

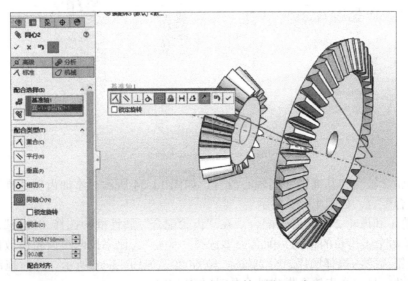

图 13-50　齿轮 1 内孔与基准轴 1 同心配合

5）装配齿轮2。单击"装配体"选项中的"参考"→"基准面"，如图 13-51 所示，弹出"基准面"属性框。选择右视基准面和齿轮 1 的锥距顶点，创建基准面 1，如图 13-52 所示。

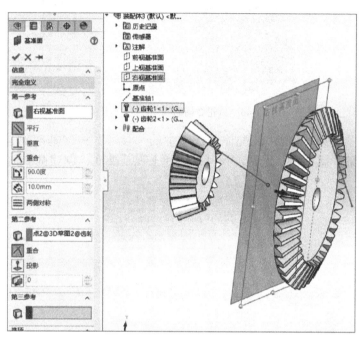

图 13-51　"参考"下拉菜单　　　　　　图 13-52　创建基准面 1

由基准面 1 和上视基准面创建基准轴 2，如图 13-53 所示。

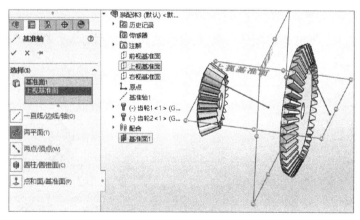

图 13-53　创建基准轴 2

添加齿轮 2 轴孔和基准轴 2 同轴心配合，如图 13-54 所示。添加齿轮 2 锥距顶点和前视基准面重合配合，如图 13-55 所示。

6）齿轮 1 和齿轮 2 添加齿轮配合。在"齿轮配合"属性框中选择"机械"，配合选择（S）中选择两个锥齿轮的轴孔，配合类型选择"齿轮"，比率按两个齿轮齿数比填写，这里根据两个锥齿轮的选择顺序，分别输入 40 和 20，如图 13-56 所示。此时拖动任一个锥齿轮使其转动，另一个齿轮会做出啮合传动动作。

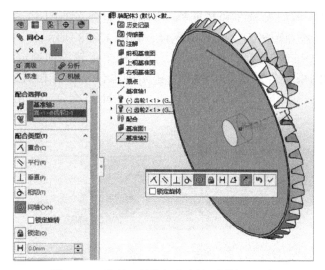

图 13-54　齿轮 2 轴孔与基准轴 2 同轴心配合

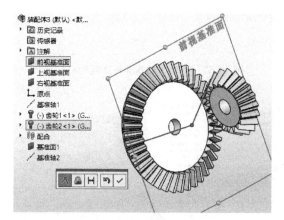

图 13-55　齿轮 2 锥距顶点与前视基准面重合配合

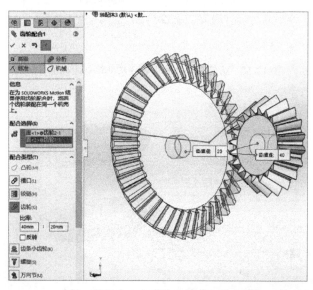

图 13-56　添加齿轮配合

　　7）插入齿轮3，添加齿轮3和基准轴2同轴心配合，如图13-57所示。选择齿轮2端面和齿轮3端面，添加距离为40mm的配合，如图13-58所示。

　　齿轮2和齿轮3是同轴连接，转速相同，所以两个齿轮添加锁定配合，如图13-59所示。添加后出现过约束警告，这是因为两个锁定的零件不会有相对运动，所以不需要添加配合，只要删除上一步添加的距离配合即可，选中距离配合，右击，选择"删除"，如图13-60所示。

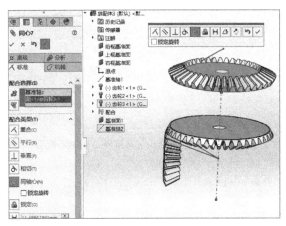

图 13-57　齿轮 3 和基准轴 2 同轴心配合

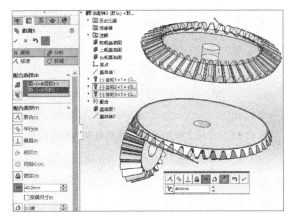

图 13-58　齿轮 2 端面和齿轮 3 端面添加距离配合

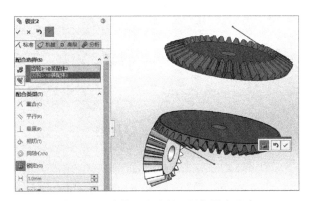

图 13-59　齿轮 2 和齿轮 3 添加锁定配合

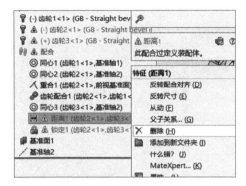

图 13-60　删除距离配合

8）创建基准。单击"装配体"选项中的"参考"→"基准面"，选择前视基准面和齿轮 3 的锥距顶点，创建基准面 2，如图 13-61 所示。

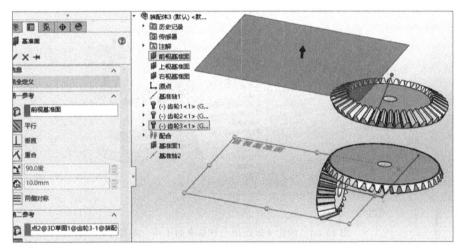

图 13-61　创建基准面 2

由基准面 2 和上视基准面创建基准轴 3，如图 13-62 所示。

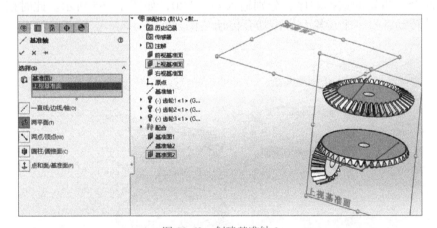

图 13-62　创建基准轴 3

9）插入齿轮 4，添加齿轮 4 轴孔和基准轴 3 同轴心配合，如图 13-63 所示。添加齿轮 4 锥距顶点和基准面 1 重合配合，如图 13-64 所示。

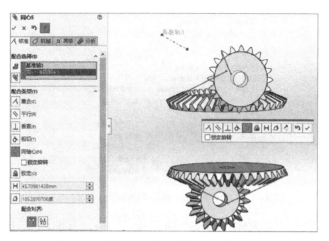

图 13-63　齿轮 4 轴孔和基准轴 3 同轴心配合

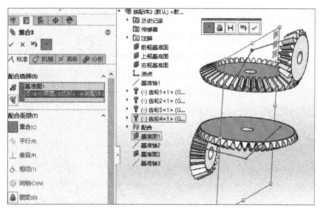

图 13-64　齿轮 4 锥距顶点和基准面 1 重合配合

10）齿轮 3 和齿轮 4 添加齿轮配合。在"齿轮配合"属性框中选择"机械"，配合选择（S）中选择两个锥齿轮的轴孔，配合类型选择"齿轮"，比率按两个齿轮齿数比填写，这里根据两个锥齿轮的选择顺序，分别输入 40 和 20，如图 13-65 所示。此时拖动任一个锥齿轮使其转动，另一个齿轮会做出啮合传动动作。

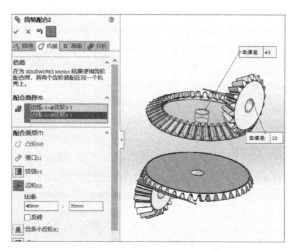

图 13-65　添加齿轮配合

13.2.3　装配外啮合圆柱齿轮

1）装配齿轮 5。插入齿轮 5，添加齿轮 4 和齿轮 5 同轴心配合，如图 13-66 所示。选择齿轮 4 端面和齿轮 5 端面，添加距离为 40mm 的配合，如图 13-67 所示。

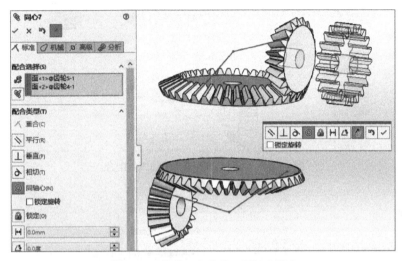

图 13-66　齿轮 4 和齿轮 5 同轴心配合

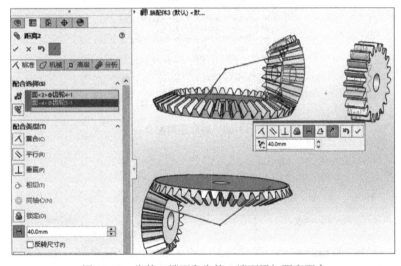

图 13-67　齿轮 4 端面和齿轮 5 端面添加距离配合

齿轮 4 和齿轮 5 是同轴连接，转速相同，所以两个齿轮添加锁定配合，如图 13-68 所示。添加后出现过约束警告，这是因为两个锁定的零件不会有相对运动，所以不需要添加配合，只要删除上一步添加的距离配合即可，选中距离配合，右击，选择"删除"，如图 13-69 所示。

2）装配齿轮 6。插入齿轮 6，添加齿轮 5 和齿轮 6 端面重合配合，如图 13-70 所示。如果预览中对齐的不是想要的面，单击"反转配合对齐"图标↗。打开"观阅临时轴"，如图 13-71 所示，选择齿轮 5 和齿轮 6 的轴线，添加距离配合，设置距离为 40mm，如图 13-72 所示。

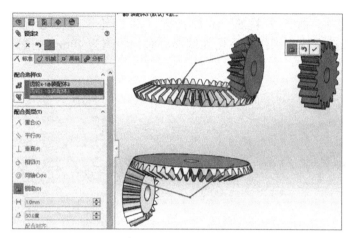

图 13-68　齿轮 4 和齿轮 5 添加锁定配合

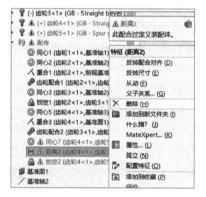

图 13-69　删除距离配合

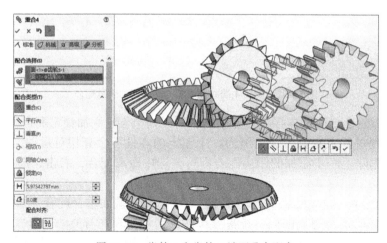

图 13-70　齿轮 5 和齿轮 6 端面重合配合

图 13-71　观阅临时轴

图 13-72　齿轮 5 和齿轮 6 添加距离配合

3）齿轮 5 和齿轮 6 添加齿轮配合。在"配合"选项框中选择"机械"，配合选择（S）中选择两个锥齿轮的轴孔，配合类型选择"齿轮"，比率中输入 20 和 20，如图 13-73 所示。

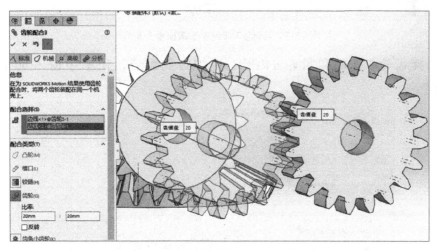

图 13-73　齿轮 5 和齿轮 6 添加齿轮配合

13.2.4　装配内啮合圆柱齿轮

1）插入齿轮 7，添加齿轮 7 和基准轴 3 同轴心配合，如图 13-74 所示。添加齿轮 7 和齿轮 5 端面重合配合，如图 13-75 所示。

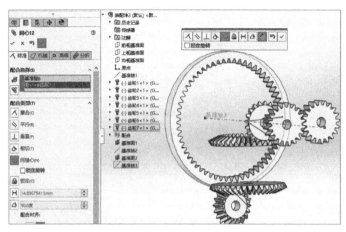

图 13-74　齿轮 7 和基准轴 3 同轴心配合

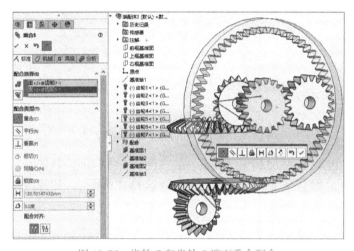

图 13-75　齿轮 7 和齿轮 5 端面重合配合

2）选择齿轮 7 外圈和齿轮 6 内孔，添加齿轮配合，比率中输入 60 和 20，如图 13-76 所示。

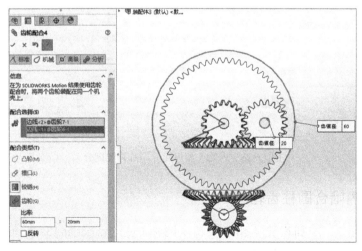

图 13-76　齿轮 7 外圈和齿轮 6 内孔添加齿轮配合

3）如果内齿轮是活动构件，则与太阳轮和行星轮构成差动轮系，自由度为 2。因此需要固定齿轮 7，此时自由度为 1，属于行星轮系，如图 13-77 所示。

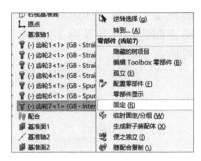

图 13-77　齿轮 7 固定

13.2.5　圆周阵列行星轮

单击"装配体"选项的"线性零部件阵列"下的三角符号，弹出下拉菜单，如图 13-78 所示。单击"圆周零部件阵列"，在方向 1 的阵列轴中选择"基准轴 3"，要阵列的零部件中选择"齿轮 6"，如图 13-79 所示。

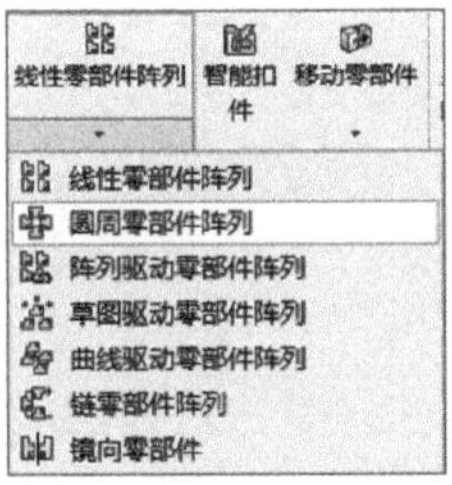

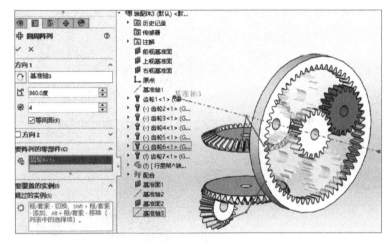

图 13-78　阵列类型

图 13-79　圆周阵列

13.2.6　装配行星架

1）单击"插入零部件"下的三角符号，在弹出的下拉菜单中单击"新零件"，如图 13-80 所示。在装配体模型树中右击生成的新零件，在弹出的快捷菜单中单击"重新命名零件"，修改零件名为行星架，如图 13-81 所示。

图 13-80　插入新零件

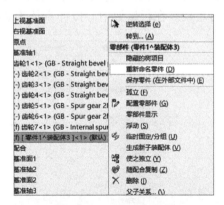

图 13-81　重新命名零件

2）选中模型树中的行星架，单击"装配体"选项中的"编辑零部件"图标，进入行星架零件编辑界面。以齿轮 7 端面为绘图面，进入草图绘制界面。捕捉齿轮 5 和齿轮 6

的轴心，绘制正四边形，并改为构造线，如图 13-82 所示。单击"等距实体"，将绘制好的正四边形向外等距 10mm，四个定点设置半径为 R10mm 的圆角，如图 13-83 所示。完成后退出草图。

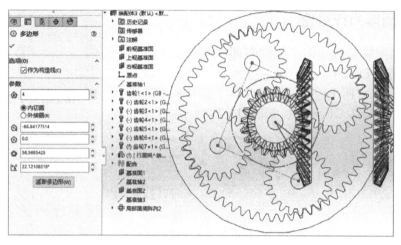

图 13-82　四边形绘制

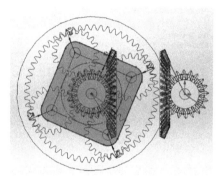

图 13-83　行星架轮廓草图

3）单击"特征"选项中的"拉伸凸台 / 基体"，拉伸深度设为 10，如图 13-84 所示，建立行星架。在行星架中心拉伸直径为 ϕ10mm、长为 30mm 的输出轴，如图 13-85 所示。

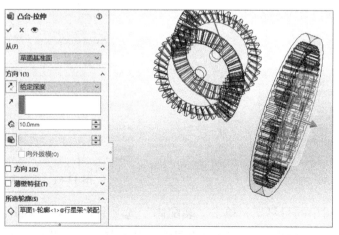

图 13-84　设置行星架特征

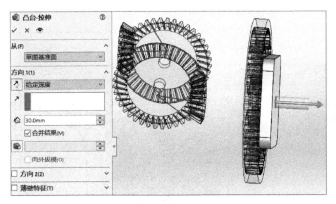

图 13-85　设置输出轴特征

4）选择输出轴轴线和某一圆角的圆心，创建行星架基准面 1，如图 13-86 所示。为了方便选择，可以打开观阅临时轴，同时隐藏其他零件。完成后退出零件编辑。

5）选择行星架内侧端面与齿轮 6 端面，添加重合配合，如图 13-87 所示。添加行星架基准面 1 与行星轮临时观阅轴重合配合，如图 13-88 所示。添加行星架输出轴外圆与齿轮 7 外圆同轴心配合，如图 13-89 所示。

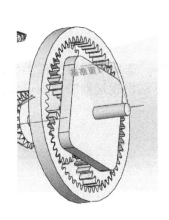

图 13-86　创建行星架基准面 1

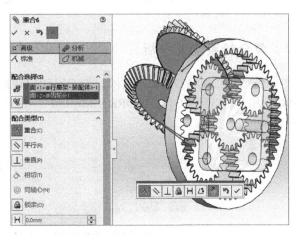

图 13-87　添加行星架内侧端面与齿轮 6 端面重合配合

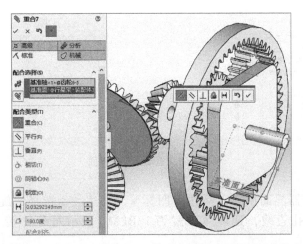

图 13-88　添加行星架基准面 1 与行星轮临时观阅轴重合配合

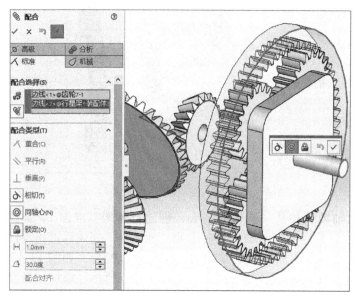

图 13-89 添加行星架输出轴外圆与齿轮 7 外圆同轴心配合

13.2.7 复合轮系运动分析

1）单击"SOLIDWORKS 插件"，"SOLIDWORKS 插件"选项中列出插件类型，如图 13-90 所示。单击"SOLIDWORKS Motion"，在窗口最下端出现运动管理器界面，如图 13-91 所示。

图 13-90 SOLIDWORKS Motion 插件

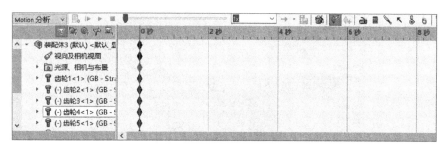

图 13-91 运动管理器界面

2）在运动管理器界面单击"马达"图标🔧，马达类型选择"旋转马达"，零部件／方向选择齿轮 1 内孔边线，速度⚙设置为 10RPM（表示每分钟转 10 圈），如图 13-92 所示。

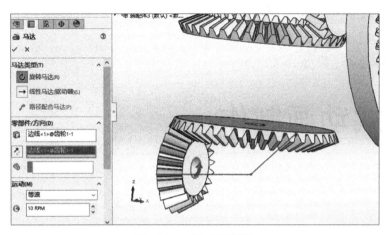

图 13-92 添加旋转马达

3）在运动管理器界面单击"计算"图标🔣，开始仿真分析，如图 13-93 所示。

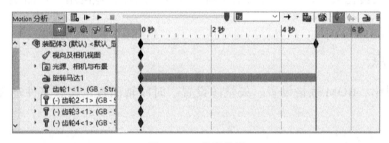

图 13-93 仿真分析

4）在运动管理器界面单击"播放"图标 ▶，可以看到结构的运动状态。

5）在运动管理器界面单击"保存动画"图标🔧，设置保存路径、文件名，可以将生成的动画单独保存。

习　题

根据图 13-94 所示曲柄滑块机构示意图，利用自顶向下的建模方法完成机构建模。零件材料均为 45 钢，曲柄与机架、曲柄与连杆、连杆与滑块通过铰接副连接，滑块与机架通过移动副连接。曲柄、连杆的截面尺寸为 20mm×10mm，滑块尺寸为 40mm×30mm×30mm。当曲柄以 5rad/s 的角速度顺时针旋转时，进行 10s 的运动仿真分析，并观察曲柄滑块机构的运行状况。

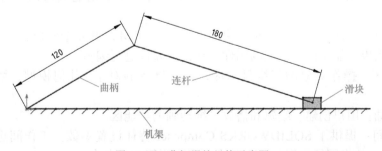

图 13-94 曲柄滑块机构示意图

交互式动画制作

SOLIDWORKS Composer 是专业的 3D 动画制作软件，作为 SOLIDWORKS 产品线下的一个重要组成部分，SOLIDWORKS Composer 几乎可以处理任何 SOLIDWORKS 的模型文件并将之转化成可以动作的机械动画，可以运用在企业网站、产品说明书以及工作指导中。

操作技能点

爆炸图制作、BOM 表格设置、矢量图设置、时间轴面板定义、事件定义、发布交互格式。

◇◆14.1 SOLIDWORKS Composer 概述

SOLIDWORKS Composer 是 SOLIDWORKS 公司推出的一款动画制作工具，可以创建基于 Word、Excel、PDF、PPT、AVI 和网页等格式的文件，可以把 SOLIDWORKS 中创建的模型直接导入，创建装配说明、客户服务程序、现场服务维修手册、培训教材和用户手册。

14.1.1 用户界面介绍

SOLIDWORKS Composer 用户界面如图 14-1 所示。

用户界面主要包含 6 个区域，当视图区无操作对象时，功能按钮处于灰色状态，此时不可操作。

1）功能区：显示基于任务的工具和控件，默认包括创建或修改图形所需的所有工具。

2）左面板：默认状态包括装配、协同、视图、BOM 表共 4 个面板。

3）属性面板：显示操作对象的属性，允许对属性进行编辑。

4）视图区：操作对象的三维显示区，包含所有的对象（几何模型、协同对象、灯光等）。

5）时间轴：用户创建、编辑和播放三维动画的功能区。

6）工作间：提供了 SOLIDWORKS Composer 特征设置参数。工作间选项中包括开始、样式视图、技术图解、视频、交互式冲突检测等工具命令。

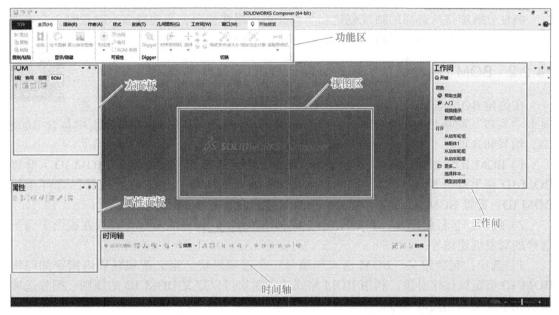

图 14-1 SOLIDWORKS Composer 用户界面

14.1.2 文件格式

SOLIDWORKS Composer 默认文件保存格式为 SMG（*.smg），该文件是一种独立的文件，可以利用解压缩类软件对其进行解压缩。SOLIDWORKS Composer 支持的三维文件类型比较广泛，目前市面上常用的三维文件格式基本都可以导入到软件中进行操作。

❖ **14.2** 爆炸图和矢量图

SOLIDWORKS Composer 可以通过移动零件及对象创建爆炸图，还可以创建矢量图并以线框的方式来显示。

14.2.1 爆炸图制作

制作爆炸图主要使用功能区"变换"选项的"爆炸"面板内功能，包含线性、球面、圆柱三大类，采用这些命令可以单独移动操作对象，也可以整体进行操作。

1. 线性分解

线性分解可以创建沿 X、Y、Z 轴的移动，并能精确控制移动距离。

2. 球面分解

球面分解可以以零件的中心点为中心向四周进行爆炸，当选择多个对象时，会出现导航轴，按指定的方向进行爆炸。

3. 圆柱分解

圆柱分解围绕所选择的轴线创建一个圆柱形的爆炸视图，当选择多个对象时，会出现一个与线性分解导航轴一样的导航轴，按指定的方向拖动进行爆炸。

14.2.2 BOM（材料清单）表格设置

在创建 BOM 表格时，通常使用 BOM 工作间。选择功能区"工作间"选项卡"发布"面板中的 BOM 命令，就可以进入"BOM"工作间。BOM 表中包含 BOM ID、编号和选项。

1）BOM ID：BOM ID 栏中含有 BOM ID 的一些命令，包括生成 BOM ID、重置 BOM ID 和手动分配等，其中生成 BOM ID 命令可应用对象范围内所选择的零件生成 BOM ID；重置 BOM ID 命令可删除应用对象范围内所选择的 BOM ID。

2）编号：包括创建编号和删除可视编号两个命令。创建编号命令可以在视图中为所选择的对象创建编号。

3）选项：包含定义、BOM 格式和编号三个选项模块。定义选项模块内指定如何将 BOM ID 指定到操作对象；利用 BOM 格式选项模块可以定义 BOM ID 的规则；编号选项模块用来定义所创建的编号。

14.2.3 矢量图设置

矢量图是利用边、多边形或者文本来描绘图形，相对于光栅图像来说，矢量图具有可以放大图形到任意尺寸而不会像光栅图像一样丢失清晰度，可以更加容易地补全缺失的图形文件，不用考虑照明、阴影、颜色及控制 DPI 的优点。矢量图可以保存为 SVG、EPS、SVGZ、CGM、Tech Illustrator 等格式。

矢量图是通过"技术图解"工作间来进行的，通过"技术图解"工作间可以创建和发布场景中的矢量图。选择功能区的"工作间"选项"发布"面板中的"技术图解"命令，进入"技术图解"工作间，如图 14-2 所示。

1）HLR：移除隐藏线，在该选项卡中可以控制隐藏线、生成剪影和其他方式的适量输出。

2）细节视图：为场景创建一个矢量的 2D 图像面板。在创建此 2D 图像面板前，可以调节选取所创建的 2D 图像面板包含图形的范围，创建完成后，可以通过属性面板调整此 2D 图像面板。

3）色域：使输出的矢量图具有颜色。

4）阴影：在该选项中调节关于阴影的一些参数，如管理阴影轮廓和阴影的填充色彩。

14.2.4 实例——从动轮组爆炸图制作

本节以从动轮组的装配模型为例，讲解爆炸图和矢量图的操作。从动轮组模型如图 14-3 所示。

1. 打开模型

1）启动软件，单击"文件"→"打开"，在打开的对话框中选择从动轮组装配体模型，如图 14-4 所示。

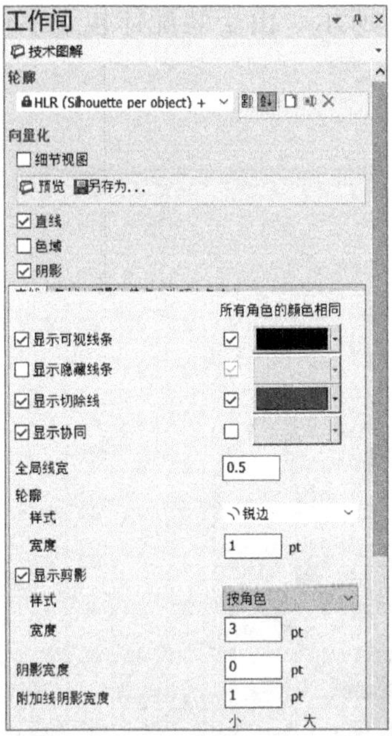

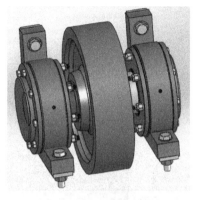

图 14-2 "技术图解"工作间

图 14-3 从动轮组模型

图 14-4 打开装配体模型文件

2）单击"打开"，将模型导入视图区，如图 14-5 所示。由于装配体包含零件模型较多，文件大，打开速度较慢。

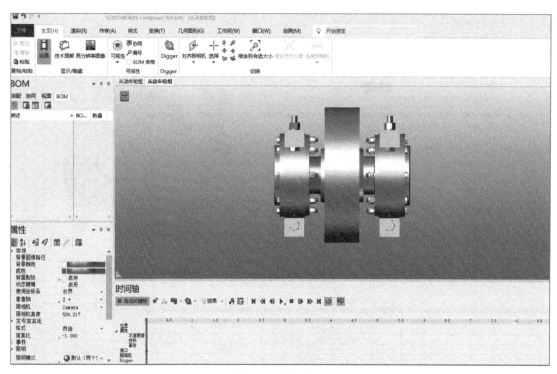

图 14-5　导入模型

3）保存文件，系统会以".smg"格式保存。再次打开保存后的".smg"文件，打开速度将会提升。

2. 创建视图

1）创建视图。单击左面板"视图"选项中的"创建视图"图标📚，新建一个视图，两次单击新视图可以修改视图名称，将视图重命名为"视图 1"，如图 14-6 所示。

2）自定义视图。依次单击功能区的"文件"→"属性"→"文档属性"，打开"文档属性"对话框，选择左面板的"视口"选项，如图 14-7 所示。在这里可以更改自定义视图的名称及视图的极坐标轴，将第一个视图名称改为"视图 30 度"，Theta 设置为 30，Phi 设置为 30，单击"确定"，定义视图 30。

3）显示视图 30°。依次单击"主页"→"切换"→"对齐照相机"下的三角符号→"视图 30 度"，将视图切换为视图 30°。单击左面板"视图"选项中的"更新视图"图标🖼，视图 1 中的画面就更新为当前视图 30° 状态，如图 14-8 所示。

3. 装配体的爆炸图制作

1）创建视图。单击左面板"视图"选项中的"创建视图"图标📚，新建一个视图，两次单击新视图可以修改视图名称，将视图重命名为"爆炸图"，如图 14-9 所示。

图 14-6 创建视图 1　　　　　　　　　图 14-7 自定义视图

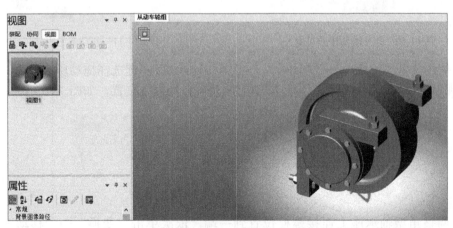

图 14-8 更新视图

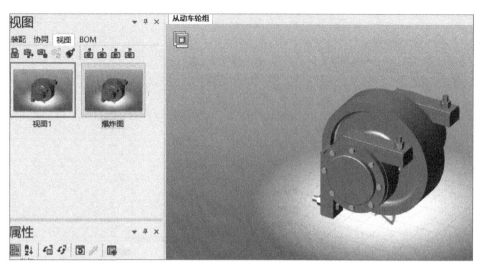

图 14-9　创建爆炸图

　　2）创建爆炸图。依次单击"变换"→"移动"→"平移" ，按住左键从右下方向左上方拖动，完全选中右侧的角型轴承座组件，<Ctrl>+ 左键选择车轮，则角型轴承座组件和车轮同时选中，如图 14-10 所示。此时光标上出现导航箭头，选择红色箭头，即轴向拖动鼠标到合适位置，如图 14-11 所示。

图 14-10　选择需要移动对象

图 14-11　移动选中组件

　　3）依次单击"变换"→"爆炸"→"线性" 线性，左键选择拖动所有模型，此时光标上出现导航箭头，选择红色箭头，即轴向拖动鼠标到合适位置，如图 14-12 所示。

图 14-12　线性爆炸

　　4）调整角型轴承座上连接螺栓位置到一端。依次单击"变换"→"移动"→"平移" ，按住左键从左上方向右下拖动，选中右侧角型轴承座旁的 8 个连接螺栓，此时光标上出现导航箭头，选择红色箭头，即轴向方向拖动鼠标到合适位置，如图 14-13 所示。单击右侧角型轴承座里面的轴承，选择红色箭头，即轴向拖动鼠标，将轴承移到合适位置，如图 14-14 所示。

图 14-13 平移 8 个螺栓

图 14-14 平移轴承

5）平移角型轴承座上的垫板、连接螺栓和油杯。依次单击"变换"→"移动"→"平移" □→，选中角型轴承座上一侧的垫板及连接件，此时光标上出现导航箭头，选择红色箭头，即轴向拖动鼠标到合适位置，如图 14-15 所示。选中角型轴承座上另一侧的垫板及连接件，此时光标上出现导航箭头，选择红色箭头，即轴向拖动鼠标到合适位置，如图 14-16 所示。单击角型轴承座上的油杯，选择红色箭头，即轴向拖动鼠标，将油杯移到合适位置，如图 14-17 所示。

图 14-15 平移角型轴承座一侧的垫板及连接件

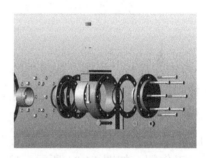

图 14-16 平移角型轴承座另一侧的垫板及连接件

6）用上述方法将另一侧角型轴承座上的零件移动到合适位置，如图 14-18 所示。

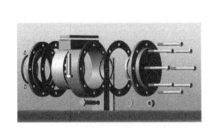

图 14-17 平移油杯

图 14-18 另一侧角型轴承座上零件爆炸图

7）平移键。依次单击"变换"→"移动"→"平移" □→，选中轴上安装的平键，此时光标上出现导航箭头，选择红色箭头，即轴向拖动鼠标到合适位置，如图 14-19 所示。

图 14-19 平移键

8）更新视图。单击左面板"视图"选项中的"更新视图"图标 ，爆炸图中的画面就更新为当前视图区中的爆炸状态，如图 14-20 所示。单击"保存"，完成爆炸图创建。

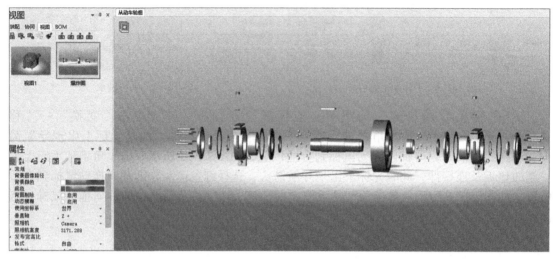

图 14-20　更新视图

9）单击左面板"视图"选项中的"播放视图"图标 🎬 ，视图区就开始以动画形式展示装配体到爆炸图的全过程。

4. 爆炸图的 BOM 表格制作

1）单击"工作间"选项"发布"面板中的"BOM"图标 🔲 ，视图区右侧弹出"BOM"工作间，如图 14-21 所示。应用对象中选择"可视几何图形"，然后单击"生成 BOM ID"，在左面板中生成"BOM"选项，如图 14-22 所示。"BOM"选项中包含零件名称、编号和数量。

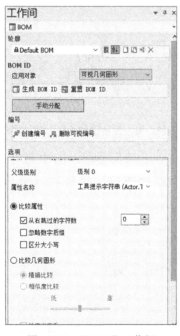

图 14-21　"BOM"工作间

图 14-22　"BOM"选项

2）在视图区显示 BOM 表。单击"BOM"工作间中的"显示 / 隐藏 BOM 表格"图标 █，视图区底部生成 BOM 表格，如图 14-23 所示。选中生成的 BOM 表格，在属性面板中更改其文本大小为 11，其余默认，如图 14-24 所示。

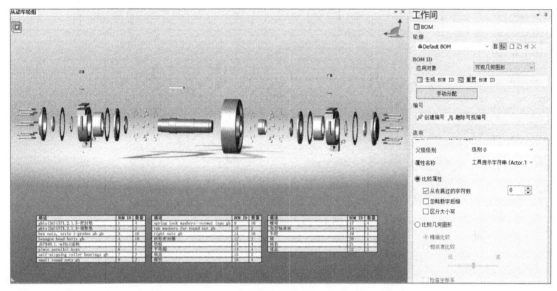

图 14-23　视图区生成 BOM 表格

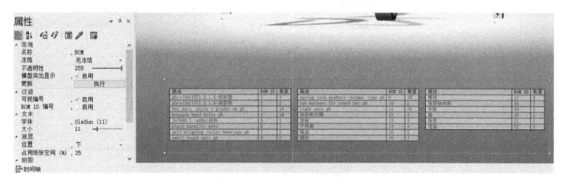

图 14-24　更改 BOM 表属性

3）爆炸图零件创建编号。BOM 表格中已经生成零件编号，将零件对应的编号指定到三维零件模型上。在视图区选中所有零件，单击"BOM"工作间中的"创建编号"，在"选项"栏的"创建"中选择"为每个 BOM ID 创建一个编号"，其余参数默认，视图区每一类零件都生成一个编号，该编号与 BOM 表中零件对应，如图 14-25 所示。

4）更新爆炸图视图。单击左面板"视图"选项中的"爆炸图"，然后单击"更新视图"图标 █，爆炸图更新为视图区状态。

5.从动轮轴组矢量图制作

1）单击"工作间"选项"发布"面板中的"技术图解"图标 █，在视图区左侧生成"技术图解"工作间，如图 14-26 所示，单击"预览"，系统自动弹出浏览器，生成技术图解，如图 14-27 所示。

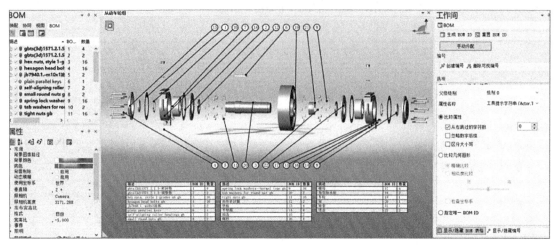

图 14-25　创建零件编号

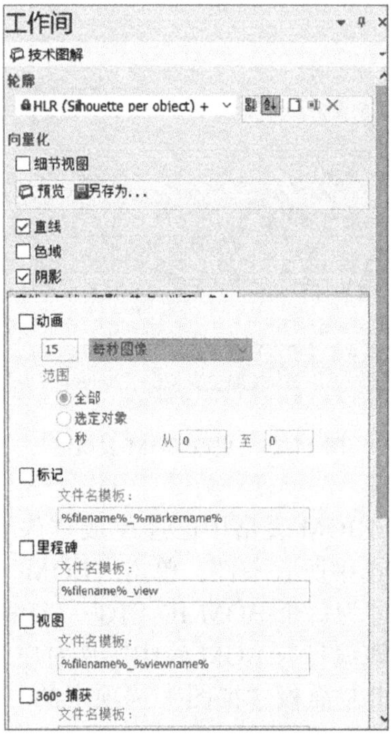

图 14-26　"技术图解"工作间

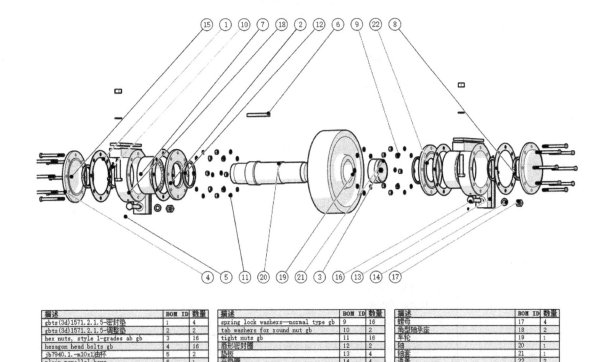

描述	BOM ID	数量
gbts(3d)1571.2.1.5-密封垫	1	4
gbts(3d)1571.2.1.5-调整垫	2	2
hex nuts, style 1-grades ab gb	3	16
hexagon head bolts gb	4	16
jb7940.1.-m10x1油杯	5	2
plain parallel keys	6	1
self-aligning roller bearings gb	7	2
small round nuts gb	8	2

描述	BOM ID	数量
spring lock washers—normal type gb	9	16
tab washers for round nut gb	10	2
tight nuts gb	11	16
唇形密封圈	12	2
垫板	13	4
平垫圈	14	4
端盖	15	2
螺栓	16	4

描述	BOM ID	数量
螺母	17	4
角型轴承座	18	2
车轮	19	1
轴	20	1
轴套	21	1
沉盖	22	2

图 14-27　技术图解

2）另存图像。单击"另存为…"，保存为 SVG 格式的矢量图。

❖❖**14.3** 动画制作

14.3.1　时间轴面板定义

时间轴面板用来创建、编辑和播放 3D 动画。它基于关键帧的界面，通过创建关键帧来及时捕获给定点处的角色属性和位置，之后 SOLIDWORKS Composer 将平滑地以动画方式显示关键帧之间的转换。时间轴面板如图 14-28 所示，时间轴面板元素说明见表 14-1。

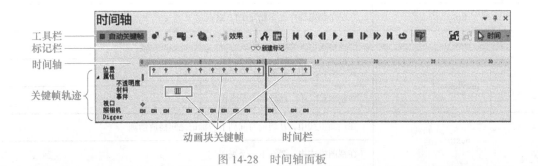

图 14-28　时间轴面板

表 14-1　时间轴面板元素说明

时间轴元素	说明
工具栏	1）提供对许多动画命令的访问 2）其他动画命令在以下位置、通过以下方式可用： ① 在动画选项卡上 ② 通过右击关键帧轨迹
标记栏	显示动画标记，为动画中的重要点做标记。还会显示里程碑以标记时间轴上的关键时刻。可以在"标记"窗口中管理标记和里程碑
时间轴	显示部分或全部动画时间轴。可以使用工具栏中的"时间轴"命令来平移和缩放时间轴
关键帧轨迹	显示动画关键帧。轨迹是给定角色属性的一组关键帧。例如，当角色的位置和材料属性均以动画方式展示时，则该角色具有位置轨迹和材料轨迹 1）位置关键帧 2）属性关键帧 3）视口关键帧 4）照相机关键帧 5）Digger 关键帧 6）动画块关键帧
动画块关键帧	与预定义动画中各个运动的属性变更相对应 动画块关键帧是特殊类型的关键帧，不能单独管理
时间栏	指示当前动画时间

14.3.2　事件定义

在 SOLIDWORKS Composer 中，可以利用"事件"命令将模型链接到文件、网页、FTP 站点、显示视图及播放标记序列等，与角色进行交互，从而创建更生动的文档说明。

SOLIDWORKS Composer 提供了丰富的基于事件的链接，链接类型及说明见表 14-2。

表 14-2　链接类型及说明

链接类型	说明
File://	打开一个文件
http:	在一个浏览器中显示指定的网页
ftp://	在一个浏览器中显示指定 FTP 站点
view://	激活指定的 Composer 视图
previous://	在动画模式中，将时间轴移至前面的标记
	在视图模式中，激活下一个视图
next://	在动画模式中，从当前时间到下一标记之间播放动画
	在视图模式中，激活下一个视图

（续）

链接类型	说明
first://	在动画模式中，将时间轴移至第一个标记
	在视图模式中，激活第一个视图
last://	在动画模式中，从当前时间到最后一个标记之间播放动画
	在视图模式中，激活最后一个视图
marker://	移动时间轴到指定标记
play://	从当前时间或指定标记到动画结束之间播放动画
playmarkersequence://	从当前时间或指定标记到下一个标记之间播放动画

14.3.3　发布交互格式

HTML 格式可以输出交互式动画，并且可以在没有安装 SOLIDWORKS Composer player 的情况下进行交互式动画的播放及模型的自由查看，能够更加直观地展示模型以及有更好的指导效果。

发布流程：

1）打开模型，选择"发布"，选择"发布到 HTML"，如图 14-29 所示。

2）HTML 输出版面格式选择，如图 14-30 所示。

图 14-29　发布到 HTML

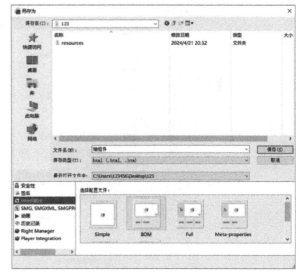

图 14-30　HTML 输出版面格式选择

SOLIDWORKS Composer 提供 6 种 HTML 输出版面格式，见表 14-3。

表 14-3　HTML 输出版面格式

序号	输出版面格式
1	Simple（简单）
2	BOM（零件表）
3	Full（完整）

（续）

序号	输出版面格式
4	Meta-properties（元属性）
5	PMI（简单）
6	View（视图）

3）保存、发布。单击"保存"，生成发布文件。发布文件包括一个 HTML 文件、两个文件夹及一个压缩文件，发布网页时需要将这些文件全部附上，才能保证网页能打开。

14.3.4 实例——轴上零件拆解与装配动画制作

本节以简化的从动轮组轴上零件拆装为例练习动画制作。轴组件模型如图 14-31 所示。

1. 打开模型

1）启动 SOLIDWORKS Composer 软件，单击"文件"→"打开"，在打开的对话框中选择轴组件模型，如图 14-32 所示。

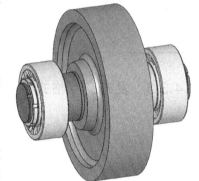

图 14-31 轴组件模型

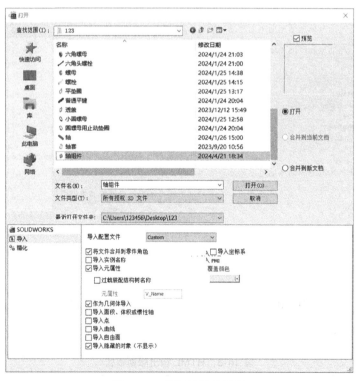

图 14-32 打开轴组件模型

2）单击"打开"，轴组件模型导入视图区，如图 14-33 所示。此时会弹出"SOLIDWORKS Converter 转换"对话框，打开速度较慢。

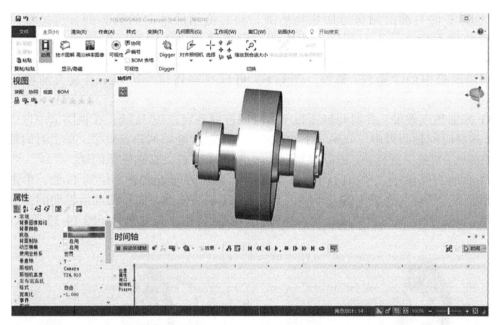

图 14-33　导入轴组件模型

3）保存文件，系统会以".smg"为文件格式保存。再次打开保存后的".smg"文件，打开速度将会提升。

2. 拆解动画制作

1）创建动画模式。单击视图区左上角"模式切换"图标▦，如图 14-34 所示，将当前模式切换为动画模式。

2）拆解右端小圆螺母。在时间轴面板中单击"自动关键帧"，此时模型在 0s 处的位置就固定了。单击时间轴上 1s 位置，蓝色时间进度条定位到 1s 处，单击"变换"选项"移动"面板中的"平移"，选择零件右端小圆螺母，向右拖动沿轴向的箭头到合适位置，如图 14-35 所示。

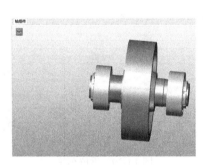

图 14-34　动画模式切换

图 14-35　拆解右端小圆螺母

3）设置照相机关键帧。保持 1s 进度位置不变，单击时间轴面板中的"设置照相机关键帧"图标▬。设置照相机关键帧表示在 0 ～ 1s 的时间内，视图区中的模型从 0s 的状态变成 1s 时的状态，单击时间轴面板中的"播放 / 暂停"图标▶，可以观察到动画过程。

4）拆解右端圆螺母用止动垫圈。滚动鼠标滚轮，放大模型视图，单击时间轴上 2s 位置，蓝色时间进度条定位到 2s 处，单击"变换"选项下"移动"面板中的"平移"，选择零件右端的圆螺母用止动垫圈，向右拖动沿轴向的箭头到合适位置。保持 2s 进度位置不变，单击时间轴面板中的"设置照相机关键帧"图标 📷，设置照相机关键帧表示在 1 ～ 2s 的时间内，视图区中的模型从 1s 的状态变成 2s 时的状态，单击时间轴面板中的"播放 / 暂停"图标 ▶，可以观察到动画过程中有放大的特效，如图 14-36 所示。

5）添加热点效果。在时间轴面板中将时间进度条定位到 3s 处，在视图区中选中右端轴承，选择时间轴面板中"效果"下的"热点"，在 3s 处添加热点效果。单击时间轴面板中的"播放 / 暂停"图标 ▶，可以观察到动画进行到 3s 时，右端轴承闪烁。

6）拆解右端轴承。单击时间轴上 4s 位置，蓝色时间进度条定位到 4s 处，单击"变换"选项下"移动"面板中的"平移"，选择零件右端轴承，向右拖动沿轴向的箭头到合适位置。保持 4s 进度位置不变，单击图标 📷，设置照相机关键帧，如图 14-37 所示。

图 14-36　拆解右端圆螺母用止动垫圈　　　　图 14-37　拆解右端轴承

7）拆解右端轴套。单击时间轴上 5s 位置，蓝色时间进度条定位到 5s 处，单击"变换"选项下"移动"面板中的"平移"，选择右端轴套，向右拖动沿轴向的箭头到合适位置。调整模型位置，使各零件无遮挡，保持 5s 进度位置不变，单击图标 📷 设置照相机关键帧，如图 14-38 所示。

8）拆解车轮。单击时间轴上 6s 位置，蓝色时间进度条定位到 6s 处，单击"变换"选项下"移动"面板中的"平移"，选择车轮，向右拖动沿轴向的箭头到合适位置。调整模型位置，使各零件无遮挡，保持 5s 进度位置不变，单击图标 📷 设置照相机关键帧，如图 14-39 所示。

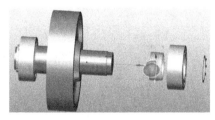 

图 14-38　拆解右端轴套　　　　　　　　图 14-39　拆解车轮

9）拆解左端小圆螺母并设置旋转特效。单击时间轴上 7s 位置，蓝色时间进度条定位到 7s 处，单击"变换"选项下"移动"面板中的"平移"，选择零件左端小圆螺母，向左拖动沿轴向的箭头到合适位置，单击"变换"选项下"移动"面板中的"旋转"，选择垂直于轴线的平面，在属性面板中输入角度为 270°。调整模型到合适位置，单击"播放 / 暂停"图标 ▶，观察动画效果，如图 14-40 所示。

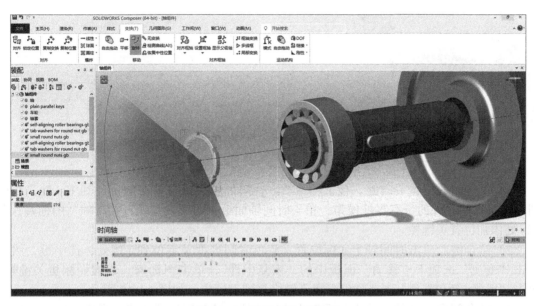

图 14-40　拆解左端小圆螺母

10）拆解左端圆螺母用止动垫圈。单击时间轴上 8s 位置，蓝色时间进度条定位到 8s 处，单击"变换"选项下"移动"面板中的"平移"，选择零件左端圆螺母用止动垫圈，向左拖动沿轴向的箭头到合适位置。保持 8s 进度位置不变，单击时间轴面板中的"设置照相机关键帧"图标■，单击"播放 / 暂停"图标▶，观察动画效果，如图 14-41 所示。

11）拆解左端轴承。单击时间轴上 9s 位置，蓝色时间进度条定位到 9s 处，单击"变换"选项下"移动"面板中的"平移"，选择零件左端轴承，向右拖动沿轴向的箭头到合适位置。保持 9s 进度位置不变，单击图标■设置照相机关键帧，如图 14-42 所示。

图 14-41　拆解左端圆螺母用止动垫圈

图 14-42　拆解左端轴承

12）设置键的位置关键帧。从前面的动画中可以观察到，已经拆解的零件从 0s 播放时，是同时进行的，如果按照前面的方法设置键的拆解，键和车轮会产生干涉，不符合正常拆解流程，键的拆解要等车轮拆解完成后才开始，因此，需要设置键的位置关键帧。在时间轴面板中将时间定位到 10s 处，在视图区选择键，单击时间轴面板中的"设置位置关键帧"图标♨，在 10s 处添加位置关键帧。

13）拆解键。单击时间轴上 11s 位置，蓝色时间进度条定位到 11s 处，单击"变换"选项下"移动"面板中的"平移"，选择键，向前拖动沿轴向的箭头到合适位置。保持 11s 进度位置不变，单击图标■，设置照相机关键帧。单击"播放 / 暂停"图标▶，可以观察到键从第 10s 才开始移动，如图 14-43 所示。

14）设置拆解结束帧。将时间进度条拖动到 12s 处，然后调整视图区模型到合适大小及位置，单击图标■，设置照相机关键帧，结果如图 14-44 所示。

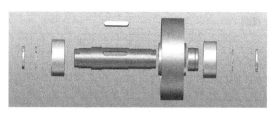

图 14-43 拆解键　　　　　　　　　　　　　　图 14-44 设置拆解结束帧

3. 结合动画制作

1）设置键的位置关键帧。接上面流程，在时间轴面板中将时间定位到 12s 处，在视图区选择除键以外的所有零件模型，单击时间轴面板中的"设置位置关键帧"图标 ，在 12s 处添加位置关键帧。

2）结合键。单击时间轴上 13s 位置，蓝色时间进度条定位到 13s 处，选中键，然后单击"变换"选项下"移动"面板中的"恢复中性"，单击图标 🔙，设置照相机关键帧。单击"播放/暂停"图标 ▶，可以观察到键恢复到键槽中，如图 14-45 所示。

3）结合其余零部件。单击时间轴上 14s 位置，蓝色时间进度条定位到 14s 处，选中其余零件，然后单击"变换"选项下"移动"面板中的"恢复中性"，单击图标 🔙，设置照相机关键帧。单击"播放/暂停"图标 ▶，观察最终效果。

4. 生成视频

1）单击"工作间"选项下"发布"面板中的"视频"，打开"视频"工作间，如图 14-46 所示。

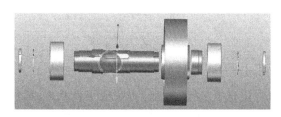

图 14-45 结合键　　　　　　　　　　　　　　图 14-46 "视频"工作间

2）在"视频"工作间选择窗口分辨率为"高清（1280*720）"，然后单击"将视频另存为…"，打开"保存视频"对话框，将视频保存为 MP4 格式，如图 14-47 所示。

5. 发布

1）单击菜单栏"文件"→"发布"→"HTML"，选择发布到 HTML，如图 14-48 所示。

2）在 HTML 输出中选择"BOM"，如图 14-49 所示。单击"保存"，生成交互文件。

图 14-47　保存视频

图 14-48　发布 HTML

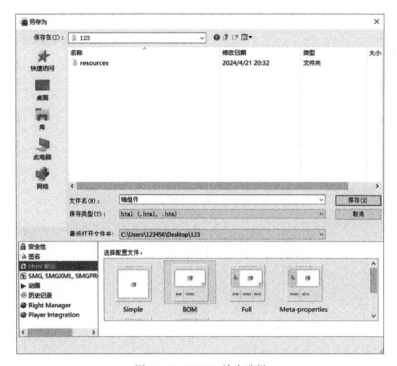

图 14-49　HTML 输出选择

习　题

根据情景 9 中制作的从动轮组装配模型制作从动轮组的交互式动画。

参 考 文 献

[1] 罗蓉，王彩凤，严海军 .SOLIDWORKS 参数化建模教程 [M]. 北京：机械工业出版社，2021.

[2] 金杰，李荣华，严海军 .SOLIDWORKS 数字化智能设计 [M]. 北京：机械工业出版社，2023.

[3] 梁秀娟，井晓翠 .SOLIDWORKS 2018 中文版机械设计基础与实例教程 [M]. 北京：机械工业出版社，2020.